A Evolução da Física

Albert Einstein
Leopold Infeld

A Evolução da Física

Tradução:
Giasone Rebuá

ZAHAR

Título original:
The Evolution of Physics

Jorge Zahar Editor Ltda.
rua Marquês de S. Vicente 99 – 1º | 22451-041 Rio de Janeiro, RJ
tel (21) 2529-4750 | fax (21) 2529-4787
editora@zahar.com.br | www.zahar.com.br

Grafia atualizada respeitando o novo Acordo Ortográfico da Língua Portuguesa

Capa: adaptação da arte de Erico

CIP-Brasil. Catalogação na fonte
Sindicato Nacional dos Editores de Livros, RJ

E35e

Einstein, Albert, 1879-1955
A evolução da física / Albert Einstein, Leopold Infeld; tradução, Giasone Rebuá. – Rio de Janeiro: Zahar, 2008.
il.

Tradução de: The evolution of physics
ISBN 978-85-378-0052-2

1. Física – História. 2. Relatividade (Física). 3. Mecânica quântica I. Infeld, Leopold, 1898-1968. II. Título.

07-4682

CDD: 530.09
CDU: 53(09)

Sumário

Parte III

Campo, relatividade

Parte IV

Quanta

Apresentação da nova edição

A primeira edição deste livro apareceu há mais de 20 anos. Desde então, a morte colheu Einstein, seu principal autor e talvez o maior cientista e o mais bondoso dos homens que jamais viveram. Desde então, também, houve um desenvolvimento sem paralelo da física. Basta mencionar o progresso da ciência nuclear e a teoria das partículas elementares, a exploração do espaço cósmico. Não obstante, há pouquíssimo a ser alterado neste livro, porquanto ele trata somente das ideias principais da física, que permaneceram essencialmente as mesmas. No quanto posso ver, são necessárias apenas umas poucas correções de menor importância.

Primeira: o livro trata da evolução das ideias, não constituindo uma apreciação histórica. Assim sendo, as datas fornecidas são usualmente aproximadas e apresentadas sob a forma "... há muitos anos". Por exemplo, no Capítulo IV, "Quanta", em "Os 'quanta' da luz", escrevemos sobre Bohr: "Sua teoria, formulada há 25 anos..." Como o livro foi impresso pela primeira vez em 1938, "há 25 anos" significa 1913, ano em que apareceu o trabalho de Bohr. E o leitor deve lembrar-se de que todas as expressões relacionam-se ao ano de 1938.

Segunda: no Capítulo III, "Relatividade de campo", em "Éter e movimento", escrevemos: "Nada há de irracional em nenhum desses dois exemplos, exceto que em ambos os casos teríamos de deslocar-nos com uma velocidade de aproximadamente 366 metros por segundo e podemos muito bem imaginar que maiores desenvolvimentos técnicos tornarão tais velocidades possíveis". Hoje, todos sabem que o avião a jato já atingiu a velocidade supersônica.

Terceira: no mesmo capítulo, em "Relatividade e mecânica", escrevemos: "... do hidrogênio, o mais leve, ao urânio, o mais pesado..." Essa classificação não é mais verdadeira, porquanto o urânio não é o elemento mais pesado.

Quarta: novamente no Capítulo III, em "Relatividade geral e sua verificação", escrevemos, sobre o movimento periélico de Mercúrio: "Vemos como é pequeno o efeito e como seria sem esperanças buscá-lo no caso de planetas mais afastados do Sol." Medições mais recentes revelaram que esse efeito é verídico não apenas no tocante a Mercúrio mas também em relação a outros planetas. É muito pequeno mas parece estar em harmonia com a teoria. Talvez que, em futuro próximo, esse efeito também possa ser constatado no que tange aos satélites artificiais.

No Capítulo IV, "Quanta", em "Ondas de probabilidade", escrevemos, sobre a difração de elétrons isolados: "Dificilmente será necessário mencionar que se trata de uma experiência idealizada que não pode ser feita em realidade mas bem pode ser imaginada." Vale mencionar que, em 1949, um físico soviético, o professor Fabrikant, e seus colegas fizeram uma experiência na qual observaram a difração de elétrons isolados.

Com essas poucas alterações, o livro se torna atualizado. Não desejei introduzir essas pequenas correções no corpo do texto por achar que um livro escrito com Einstein deveria permanecer como o escrevemos juntos. Muito me alegra que este livro ainda esteja em evidência, após a sua morte, como, na verdade, o estão todos os seus trabalhos.

Leopold Infeld
Varsóvia, outubro de 1960

Prefácio

Antes de começar a ler, você espera, com acerto, que algumas perguntas simples sejam respondidas. Com que propósito este livro foi escrito? Quem é o leitor imaginário ao qual ele se destina?

É difícil começar por responder clara e convincentemente a essas perguntas. Isso seria muito mais fácil, conquanto assaz supérfluo, no fim do livro. Constatamos mais fácil dizer apenas o que não se pretende que este livro seja. Não escrevemos um livro didático de física. Não se encontra aqui curso sistemático algum de fatos e teorias físicos elementares. A nossa intenção foi, antes, esboçar, em traços largos, as tentativas da mente humana de encontrar uma conexão entre o mundo das ideias e o mundo dos fenômenos. Tentamos mostrar as forças ativas que compelem a ciência a inventar ideias correspondentes à realidade de nosso mundo. Mas nossa apresentação tinha de ser simples. Tivemos de escolher, no emaranhado de fatos e conceitos, um caminho que nos pareceu o mais característico e significativo. Os fatos e as teorias que não fossem alcançados por esse caminho tinham de ser omitidos. Fomos forçados, por nossa meta geral, a fazer uma escolha precisa de fatos e ideias. A importância de um problema não deve ser julgada pelo número de páginas a ele reservadas. Algumas linhas essenciais de pensamento foram deixadas de lado, não por nos parecerem sem importância, mas por não se encontrarem ao longo do caminho por nós escolhido.

Enquanto escrevíamos o livro mantivemos longas discussões sobre as características do nosso leitor idealizado e nos preocupamos bastante com ele. Imaginamos sua completa carência de qualquer conhecimento concreto de física e matemática compensada por número assaz grande de virtudes. Constatamos estar interessado em ideias físicas e filosóficas e fomos forçados a admirar a paciência com que ele lutou através das passagens menos interessantes e mais difíceis. Ele se apercebeu de que, para compreender qualquer página, deveria ler cuidadosamente as que a precedessem. Ele sabia que um livro científico, embora popular, não deveria ser lido da mesma maneira que um romance.

O livro é um simples bate-papo entre você e nós. Você o poderá achar maçante ou curioso, desenxabido ou estimulante, mas o nosso objetivo terá sido alcançado se estas páginas lhe derem alguma ideia da eterna luta da mente inventiva humana por um conhecimento mais completo das leis que governam os fenômenos físicos.

PARTE I

A ascensão do conceito mecânico

1
A grande história de mistério

Na imaginação, a história de mistério perfeito existe. Tal história fornece todas as pistas essenciais e nos compele a formar a nossa própria teoria sobre o caso. Seguindo a trama cuidadosamente, chegamos por nós mesmos à solução completa antes de sua revelação pelo autor no fim do livro. A solução em si, ao contrário às dos mistérios de qualidade inferior, não nos desaponta; mais ainda, ela aparece precisamente no momento em que esperamos.

Poderemos comparar o leitor de tal livro aos cientistas que, através de gerações sucessivas, continuam a buscar soluções para os mistérios no livro da natureza? A comparação é falsa e terá de ser posteriormente abandonada, mas tem uma parcela de justificativa que pode ser aumentada e modificada para que se torne mais apropriada ao esforço da ciência para resolver o mistério do Universo.

A grande história de mistério ainda não está solucionada. Não podemos sequer estar certos de que tenha uma solução final. A leitura já nos proporcionou muito; ensinou-nos os rudimentos da linguagem da natureza; permitiu-nos compreender muitas das pistas e revelou-se uma fonte de prazer e estímulo no avanço frequentemente árduo da ciência. Mas nós nos apercebemos de que, a despeito de todos os volumes lidos e compreendidos, ainda estamos longe de uma solução completa, se é que tal coisa de fato existe. Em cada etapa tentamos encontrar uma explicação consistente com as pistas já descobertas. Teorias tentativamente aceitas explicaram muitos dos fatos, mas ainda não foi elaborada uma solução geral compatível com todas as pistas conhecidas. Com muita frequência, uma teoria aparentemente perfeita provou ser inadequada à luz de novas leituras. Aparecem outros fatos contradizendo a teoria ou por ela inexplicados. Quanto mais lemos, tanto mais plenamente apreciamos a perfeita construção do livro, muito embora a solução completa pareça recuar ao avançarmos.

Em quase todo romance policial, desde os admiráveis contos de Conan Doyle, chega um ponto em que o investigador colige todos os fatos de que necessita para solucionar pelo menos alguma fase de seu problema. Esses fatos se mostram incoerentes e inteiramente sem relação entre si. Contudo, o grande detetive percebe não serem necessárias mais investigações no momento e que somente o raciocínio levará a uma correlação dos fatos coligidos. Assim sendo, ele toca o seu violino ou repousa em uma poltrona deliciando-se com o seu cachimbo, e eis que – por Deus! –, eis a resposta. Ele não apenas tem uma explicação para as pistas conhecidas como também sabe que outros acontecimentos deverão ter ocorrido. Como sabe agora onde procurar o que deseja, poderá, se o quiser, sair em busca da confirmação de sua teoria.

O cientista que lê o livro da natureza deverá, caso permitam repetir a expressão batida, encontrar ele próprio a solução, pois não pode, como o fazem frequentemente os leitores impacientes das histórias, consultar o fim do livro. Em nosso caso, o leitor é também um investigador que procura explicar, pelo menos em parte, a relação entre os acontecimentos e o seu rico contexto. Para obter até mesmo uma solução parcial o cientista tem de coligir os fatos desordenados disponíveis, tornando-os coerentes e compreensíveis pelo pensamento criador.

Constitui nosso objetivo esboçar em traços largos, nas páginas seguintes, o trabalho dos físicos que corresponde à reflexão pura do investigador. Iremos nos ocupar sobretudo dos pensamentos e ideias da busca aventurosa do conhecimento do mundo físico.

2
A primeira pista

As tentativas de ler a grande história de mistério são tão antigas quanto o próprio pensamento humano. Contudo, somente há pouco mais de 300 anos os cientistas começaram a entender a linguagem da história. Desde esse tempo, a época de Galileu e Newton, a leitura prosseguiu rapidamente. Foram desenvolvidos técnicas de investigação e métodos sistemáticos de encontrar e seguir pistas. Alguns dos enigmas da natureza foram solucionados, embora algumas das soluções tenham provado ser temporárias e superficiais à luz de mais pesquisas.

Um problema dos mais fundamentais, que permaneceu durante milhares de anos obscurecido por suas complicações, é o do movimento. Todos os movimentos que observamos na natureza, o de uma pedra lançada no ar, o de um navio navegando no mar, o de um carro empurrado na rua, são, na realidade, muito intrincados. Para que se possa compreender esses fenômenos é sensato começar com os casos mais simples possíveis, passando gradativamente aos mais complicados. Considere-se um corpo em repouso, caso em que não há movimento algum. Para se alterar a posição de tal corpo, é necessário exercer alguma influência sobre ele, seja empurrá-lo, seja levantá-lo, seja fazer com que outros corpos, tais como cavalos ou máquinas a vapor, ajam sobre ele. Temos a ideia intuitiva de que o movimento esteja relacionado com os atos de empurrar, levantar ou puxar. A experiência continuada nos leva a arriscar a afirmativa de que devemos empurrar com mais força se quisermos deslocar o corpo com maior velocidade. Parece natural concluir-se que a velocidade do corpo será tanto maior quanto mais forte for a ação sobre ele exercida. Uma carruagem tirada por quatro cavalos andará mais rápido que outra puxada por apenas dois. A intuição nos diz, portanto, que a velocidade está essencialmente ligada à ação.

É fato conhecido dos leitores das ficções policiais que uma pista falsa confunde a história e protela a solução. O método de raciocínio ditado pela intuição era falso e conduziu a ideias falsas sobre movimento que foram conservadas durante séculos. A grande autoridade de Aristóteles em toda a Europa foi, talvez, a razão principal da demorada crença nessa ideia intuitiva. Lemos em *Mecânica,* obra por dois mil anos a ele atribuída: "O corpo em movimento chega à imobilidade quando a força que o impele não mais pode agir de modo a deslocá-lo."

A descoberta e o uso do raciocínio científico por Galileu foram uma das mais importantes conquistas da história do pensamento humano e marcam o começo real da física. Essa descoberta nos ensinou que as conclusões intuitivas baseadas na observação imediata nem sempre devem merecer confiança, pois algumas vezes conduzem a pistas erradas.

Mas onde andará errada a intuição? Provavelmente poderá ser errado dizer que uma carruagem puxada por quatro cavalos deve deslocar-se mais velozmente que outra puxada por apenas dois?

Examinemos mais de perto os fatos fundamentais do movimento, começando por experiências cotidianas simples à humanidade desde o princípio da civilização e ganhas na dura luta pela existência.

Suponha-se que alguém que vá empurrando um carrinho de mão em uma estrada plana nivelada pare repentinamente de empurrar. O carrinho continuará deslocando-se por uma distância pequena antes de parar. Perguntamos: como será possível aumentar essa distância? Há vários meios, tais como lubrificar as rodas e tornar a estrada muito lisa. Quanto mais facilmente as rodas girarem no eixo e quanto mais lisa for a estrada, tanto mais longe o carrinho irá. Que terá sido feito pela lubrificação e pelo alisamento? Apenas isto: as influências externas foram tornadas menores, o efeito do que é chamado atrito foi diminuído, tanto entre as rodas e o eixo como entre elas e a estrada. Isso já é uma interpretação teórica da evidência observável, uma interpretação que é, na verdade, arbitrária. Mais um passo significativo e teremos a pista certa. Imaginem-se uma estrada perfeitamente lisa e rodas sem atrito algum. Então, nada haveria para deter o carrinho, e ele continuaria deslocando-se para sempre. Chega-se a essa conclusão somente imaginando-se uma experiência idealizada que jamais poderá ser realmente realizada, porquanto é impossível eliminar todas as influências externas. A experiência idealizada mostra a pista que realmente formou o fundamento da mecânica do movimento.

Comparando os dois métodos de atacar o problema, podemos dizer: a ideia intuitiva é – quanto maior a ação, tanto maior a velocidade. Assim, a velocidade mostra se forças externas estão ou não agindo sobre um corpo. A nova pista encontrada por Galileu é: se um corpo não é empurrado, puxado ou sujeito a uma ação de qualquer outro modo, ou, mais simplesmente, se nenhuma força externa atua sobre um corpo, ele se desloca uniformemente, isto é, sempre com a mesma velocidade ao longo de uma linha reta.

Assim, a velocidade não mostra se forças externas estão ou não agindo sobre um corpo. A conclusão de Galileu, que é a conclusão correta, foi formulada uma geração mais tarde por Newton como a *lei da inércia.* Trata-se geralmente da primeira coisa sobre a física que aprendemos com entusiasmo na escola, e alguns de nós podemos estar lembrados dela: "Todo corpo permanece em seu estado de repouso, ou de movimento uniforme em linha reta, se não for obrigado a mudar de estado por forças nele aplicadas."

Vimos que essa lei da inércia não pode ser diretamente deduzida da experiência, mas apenas por meio do pensamento especulativo consistente com a observação. A experiência idealizada jamais pode ser realmente levada a efeito, embora conduza a uma profunda compreensão das experiências reais.

Da variedade de movimentos complexos do mundo que nos rodeia, escolhemos para nosso primeiro exemplo o movimento uniforme. Trata-se do mais simples, por não haver forças externas agindo. Contudo, o movimento uniforme jamais poderá ser realizado; uma pedra lançada de uma torre e um carro empurrado em uma estrada jamais poderão deslocar-se com movimento absolutamente uniforme porque não podemos eliminar a influência de forças externas.

Em uma história de mistério de boa qualidade, as pistas mais óbvias conduzem frequentemente ao suspeito errado. Em nossas tentativas para compreender as leis da natureza constatamos, similarmente, que a explicação intuitiva mais óbvia é com frequência a explicação errada.

O pensamento humano cria um quadro sempre mutável do Universo. A contribuição de Galileu consistiu em destruir o ponto de vista intuitivo, substituindo-o por outro novo. Essa é a significação da descoberta de Galileu.

Mas surge imediatamente outra questão relativa ao movimento. Se a velocidade não é indicação alguma de forças externas atuando sobre um corpo, que o será? A resposta para essa questão fundamental foi encontrada por Galileu e ainda mais concisamente por Newton e constitui mais uma pista em nossa investigação.

Para encontrar a resposta correta temos de pensar um pouco mais profundamente no carro em uma estrada perfeitamente lisa. Em nossa experiência idealizada, a uniformidade do movimento se devia à ausência de todas as forças externas. Imaginemos agora que se dê ao carro que se move uniformemente um impulso na direção do movimento. Que acontece? Obviamente, sua velocidade é aumentada. De modo igualmente óbvio, um impulso em direção oposta à do movimento faria diminuir a velocidade. No primeiro caso, o carro é acelerado pelo impulso; no segundo, desacelerado ou retardado. Segue-se de imediato uma conclusão: a ação de uma força externa altera a velocidade. Portanto, não é a velocidade, mas a sua alteração a consequência de se puxar ou empurrar. Tal força aumenta ou diminui a velocidade, segundo atue na direção do movimento ou em direção oposta. Galileu viu isso claramente e escreveu em *Duas novas ciências*:

> ... qualquer velocidade, uma vez imprimida a um corpo em movimento, será rigidamente mantida enquanto estiverem ausentes as causas externas de aceleração ou retardamento, condição essa que só é encontrada nos planos horizontais; porque, no caso dos planos em declive, já está presente uma causa de aceleração, enquanto nos planos em aclive há um retardamento; segue-se daí que o movimento em um plano horizontal é perpétuo; pois, se a velocidade for uniforme, não poderá ser diminuída ou retardada e muito menos destruída...

Seguindo a pista certa conseguimos uma compreensão mais profunda do problema do movimento. A conexão entre força e alteração da velocidade, e não a conexão entre força e velocidade em si, como pensaríamos de acordo com a nossa intuição, constitui a base da mecânica clássica tal como formulada por Newton.

Usamos dois conceitos que desempenham papéis principais na mecânica clássica: força e alteração de velocidade. No desenvolvimento ulterior da ciência esses conceitos são ampliados e generalizados. Devem, portanto, ser examinados mais de perto.

Que é força? Intuitivamente, nós sentimos o que quer dizer esse termo. O conceito surgiu do esforço para empurrar, lançar ou puxar; da sensação muscular que acompanha cada um desses atos. Mas sua generalização vai muito além desses exemplos simples. Podemos pensar em força até mesmo sem imaginar um cavalo puxando uma carruagem! Falamos da força de atração entre o Sol e a Terra, a Terra e a Lua, e das forças que ocasionam as marés. Falamos da força pela qual a Terra nos compele, bem como a todos os objetos que nos rodeiam, a permanecer dentro de sua esfera de influência, e da força com a qual os ventos produzem as ondas do mar ou movimentam as folhas das árvores. Sempre e onde quer que observemos uma alteração de velocidade, a responsabilidade deve ser atribuída a uma força externa, em sentido geral. Newton escreveu em seu *Principia:*

> Uma força imprimida é uma ação exercida sobre um corpo a fim de modificar o seu estado, seja de repouso ou de movimento uniforme para a frente em linha reta.
>
> Essa força consiste somente na ação; e não mais permanece no corpo quando a ação termina. Pois um corpo mantém todo novo estado que adquire somente por sua *vis inertiae.* As forças imprimidas têm origens diferentes; como percussão, pressão, força centrípeta.

Se deixamos uma pedra cair do alto de uma torre, o seu movimento não é, de modo algum, uniforme; a velocidade aumenta com a sua queda. Concluímos: uma força externa está agindo na direção do movimento. Ou, em outras palavras: a Terra atrai a pedra. Vejamos outro exemplo. Que acontece quando uma pedra é lançada diretamente para cima? A velocidade decresce até que a pedra atinge o seu ponto mais alto e começa a cair. Esse decréscimo de velocidade é causado pela mesma força que produz a aceleração de um corpo em queda. Em um dos casos, a força age na direção do movimento; no outro, em direção oposta. A força é a mesma, mas causa aceleração ou desaceleração caso se deixe a pedra cair ou caso se lance ela para cima.

3
Vetores

Todos os movimentos que consideramos são *retilíneos,* isto é, ao longo de uma linha reta. Daremos agora mais um passo. Ganhamos uma compreensão das leis da natureza analisando os casos mais simples e deixando de fora, em nossas primeiras tentativas, todas as intricadas complicações. Uma linha reta é mais simples que uma curva. É, contudo, impossível ficar-se satisfeito apenas com uma compreensão do movimento retilíneo. Os movimentos da Lua, da Terra e dos planetas, justamente aqueles aos quais foram aplicados os princípios da mecânica com tão grande sucesso, são movimentos ao longo de percursos curvos. A passagem do movimento linear para o movimento ao longo de um percurso curvo traz novas dificuldades. Devemos ter a coragem para superá-las se queremos compreender os princípios da mecânica clássica que nos forneceram as primeiras pistas e formaram, assim, o ponto de partida para o desenvolvimento da ciência.

Consideremos outra experiência idealizada, na qual uma esfera perfeita rola sobre uma tábua lisa. Sabemos que, se a esfera receber um impulso, isto é, se for aplicada uma força externa, a velocidade será alterada. Suponhamos agora que o impulso não se dá, como no exemplo do carrinho, na direção do movimento, mas em uma direção diferente, digamos, perpendicularmente àquela direção. Que acontece à esfera? Podem-se distinguir três estágios do movimento: o movimento inicial, a ação da força, e o movimento final depois de a força ter cessado de atuar. De acordo com a lei da inércia, as velocidades de antes e depois da ação são, ambas, uniformes. Mas há uma diferença entre o movimento uniforme de antes e depois da ação da força: a direção é modificada. O curso inicial da esfera e a direção da força são perpendiculares entre si. O movimento final não se dará ao longo de nenhuma dessas linhas, tendo uma direção qualquer entre as duas, mais próxima da direção da força se o impulso for grande e a velocidade de inércia for pequena, mais próxima da direção do movimento original se o impulso for suave e a velocidade de inércia for grande. Nossa nova conclusão, baseada na lei da inércia, é: em geral, a ação de uma força externa modifica não apenas a velocidade, mas também a direção do movimento. A compreensão desse fato nos prepara para a generalização introduzida na física pelo conceito de *vetores*.

Podemos continuar usando o nosso método direto de raciocínio. O ponto de partida é novamente a lei da inércia, de Galileu.

Ainda estamos longe de esgotar as consequências dessa valiosa pista para o problema do movimento.

Consideremos duas esferas movendo-se em direções diferentes sobre uma mesa lisa. Para que possamos ter um quadro definido, podemos supor as duas direções perpendiculares entre si. Como não há forças externas agindo, os movimentos são perfeitamente uniformes. Suponhamos, ainda mais, que as velocidades sejam iguais, isto é, que ambas as esferas percorrem a mesma distância no mesmo intervalo de tempo. Mas será correto dizer que as duas esferas têm a mesma velocidade? A resposta poderá ser sim ou não! Se os velocímetros de dois automóveis indicam, ambos, 40 quilômetros por hora, é costume dizer que eles têm a mesma velocidade, independentemente da direção que estejam seguindo. Mas a ciência tem de criar a sua própria linguagem, seus próprios conceitos, para o seu próprio uso. Os conceitos científicos frequentemente começam com os da linguagem usual para os assuntos da vida cotidiana, mas se desenvolvem de maneira bem diferente. São transformados e perdem a ambiguidade a eles associada na linguagem usual, ganhando em rigor para que possam ser aplicados ao pensamento científico.

Do ponto de vista do físico, é vantajoso dizer que são diferentes as velocidades das duas esferas que se movem em direções diferentes. Embora puramente uma questão de convenção, é mais conveniente dizer que quatro automóveis que se afastam de um mesmo círculo de trânsito por estradas diferentes não têm a mesma velocidade, embora as velocidades, registradas nos velocímetros, sejam todas iguais a 40 quilômetros por hora. Essa diferenciação entre velocidade indicada ilustra como a física, partindo de um conceito usado na vida cotidiana, transforma-o de um modo que prova ser frutífero no desenvolvimento ulterior da ciência.

Quando se mede um comprimento, o resultado é expressado como um número de unidades. O comprimento de uma vara poderá ser de um metro; o peso de algum objeto, de dois quilos; um intervalo de tempo medido poderá ser de tantos minutos ou segundos. Em cada um desses casos, o resultado da medição é expressada por um número. Um número sozinho é, contudo, insuficiente para descrever alguns conceitos físicos. O reconhecimento desse fato marcou um avanço distinto na investigação científica.

É essencial uma direção, além de um número, para a caracterização de uma velocidade, por exemplo. Tal quantidade, possuindo tanto grandeza como direção, é chamada *vetor.* Um símbolo apropriado para ela é uma seta. A velocidade pode ser representada por uma seta, ou, com mais brevidade, por um vetor cujo comprimento em alguma escala de unidades escolhida é uma medida da velocidade, e cuja direção é a do movimento.

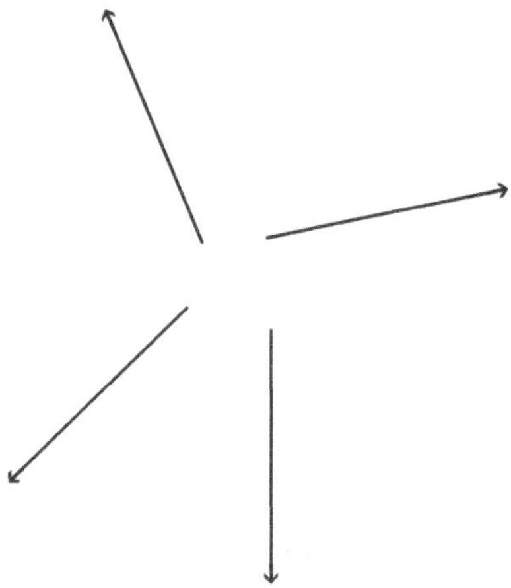

Figura 1

Se quatro automóveis se afastam, com igual velocidade indicada, de um centro de trânsito, suas velocidades podem ser representadas por quatro vetores do mesmo comprimento, como se vê na Figura 1. Na escala usada, uma polegada representa 40 milhas por hora. Dessa maneira, qualquer velocidade pode ser representada por um vetor, e, inversamente, se a escala for conhecida, pode-se determinar a velocidade por meio de tal diagrama vetorial.

Se dois automóveis passam um pelo outro em sentido contrário na estrada e seus velocímetros indicam, ambos, 40 mph, caracterizamos suas velocidades por dois vetores diferentes com as setas apontando em direções opostas. Assim também as setas que indicam os trens que vão "para baixo" e para "cima" em uma ferrovia devem apontar em direções opostas. Mas todos os trens que se movem "para baixo" em estações diferentes com a mesma velocidade indicada têm a mesma velocidade, a qual pode ser representada por um só vetor (Figura 2). Nada há em um vetor a indicar por quais estações o trem passa ou sobre quais dos muitos trilhos paralelos ele se desloca. Em outras palavras, de acordo com a convenção aceita, todos esses vetores, como nas Figuras 2 e 3, podem ser considerados iguais; estão sobre a mesma linha ou sobre paralelas, são do mesmo comprimento, e, finalmente, têm setas apontando na mesma direção.

Figura 2

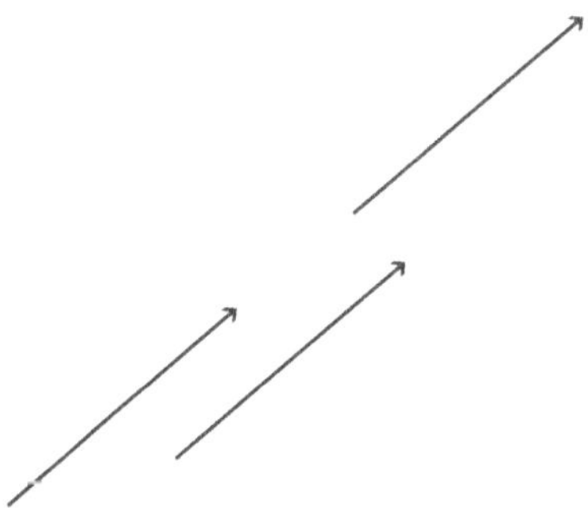

Figura 3

A Figura 4 mostra vetores que são todos diferentes porque diferem em comprimento, ou em direção ou em ambos.

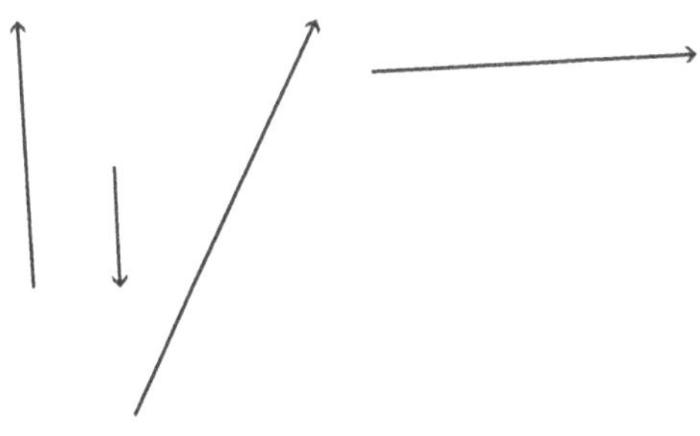

Figura 4

Os mesmos quatro vetores podem ser desenhados de outra maneira, de modo que todos divirjam de um ponto comum (Figura 5). Como o ponto de partida não importa, esses vetores podem representar as velocidades de quatro automóveis que se estão afastando de um mesmo centro de trânsito, ou as velocidades de quatro automóveis em partes diferentes do país deslocando-se com as velocidades indicadas nas direções indicadas.

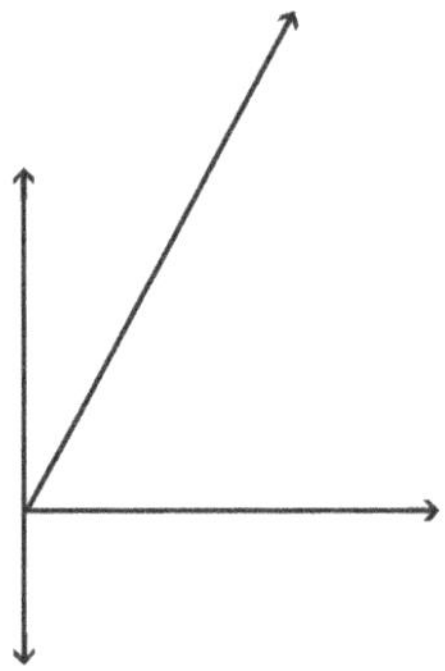

Figura 5

Essa representação vetorial pode ser agora usada para descrever os fatos antes discutidos, relativos ao movimento retilíneo. Falamos de um carrinho que se deslocava uniformemente em linha reta e que recebeu um impulso na direção do movimento, o que fez com que aumentasse a sua velocidade. Graficamente, isso pode ser representado por dois vetores, um mais curto, representando a velocidade antes do impulso, e um mais longo, na mesma direção, representando a velocidade após o impulso.

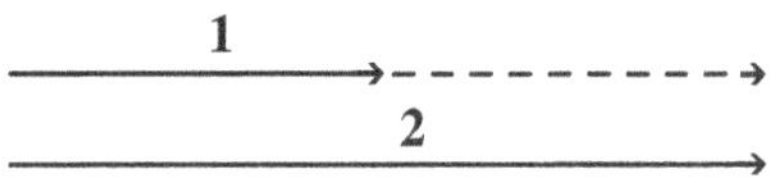

Figura 6

O significado do vetor de traços é claro; representa a mudança de velocidade pela qual, como sabemos, o impulso é responsável. Para o caso em que a força é aplicada em direção contrária à do movimento, em que este é diminuído, o diagrama é algo diferente (Figura 7). Novamente, o vetor de traços corresponde a uma alteração de velocidade, mas nesse caso sua direção é diferente. É claro que não apenas as velocidades, mas também suas alterações são vetores. Mas toda alteração de velocidade é consequência da ação de uma força externa; assim, a força tem também de ser representada por um vetor. Para caracterizar uma força, não é suficiente dizer com que intensidade empurramos o carrinho; temos também de dizer em que direção empurramos. A força, como a velocidade e sua alteração, deve ser representada por um vetor e não apenas por um número. Portanto: a força externa é também um vetor e deve ter a mesma direção que a mudança de velocidade. Nas Figuras 6 e 7, os vetores de traços mostram a direção da força tão verdadeiramente quando indicam a alteração de velocidade.

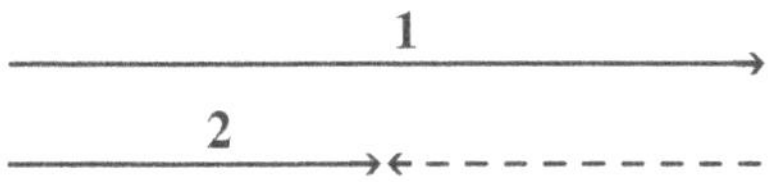

Figura 7

Aqui, o cético poderá declarar não ver vantagem alguma na adoção de vetores. Tudo o que se fez foi traduzir fatos previamente conhecidos em uma linguagem não familiar e complicada. A esta altura seria de fato difícil convencê-lo de que está errado. No momento ele está, de fato, certo. Mas veremos que precisamente essa linguagem estranha conduz a uma importante generalização na qual os vetores parecem ser essenciais.

4

O enigma do movimento

Enquanto tratarmos apenas do movimento em linha reta estaremos longe de compreender os movimentos observados na natureza. Devemos considerar os movimentos ao longo de trajetórias curvas, e nosso próximo passo consistirá em determinar as leis que governam tais movimentos. Não é uma tarefa fácil. No caso do movimento retilíneo, os nossos conceitos de velocidade, alteração de velocidade e força resultaram os mais úteis. Mas não vemos imediatamente como poderemos aplicá-los ao movimento em trajetória curva. É na verdade possível imaginar que os velhos conceitos sejam impróprios para a descrição do movimento geral e que devem ser criados novos conceitos. Devemos seguir a nossa velha trilha ou buscar outra nova?

A generalização de um conceito é um processo muito frequentemente usado em ciência. Um método de generalização não é singularmente determinado, porquanto há normalmente vários modos de realizá-lo. Contudo, uma exigência deve ser rigorosamente satisfeita: qualquer conceito generalizado deve reduzir-se ao conceito original quando as condições originais forem preenchidas.

Podemos explicar isso melhor com o auxílio do exemplo de que estamos tratando. Podemos tentar generalizar os velhos conceitos de velocidade, alteração de velocidade e força para o caso do movimento curvilíneo. Tecnicamente, quando falamos de curvas incluímos as linhas retas. Uma linha reta é um exemplo especial e comum de uma curva. Se, portanto, a velocidade, a alteração de velocidade e a força forem introduzidas para o movimento em uma linha curva, elas são, então, automaticamente introduzidas para o movimento em uma linha reta. Mas esse resultado não deverá contradizer os resultados previamente obtidos. Se a curva se torna uma linha reta, todos os conceitos generalizados deverão reduzir-se aos conceitos familiares que descrevem o movimento. Mas essa restrição não é suficiente para determinar singularmente a generalização. Deixa abertas muitas possibilidades. A história da ciência mostra que as mais simples generalizações por vezes alcançam êxito, por vezes não. Temos primeiro de fazer uma suposição. Em nosso caso, é fácil supor qual o método certo de generalização. Os novos conceitos provam ser muito eficazes e nos ajudam a compreender o movimento tanto de uma pedra jogada como o dos planetas.

E agora que significarão exatamente as palavras velocidade, alteração de velocidade e força no caso do movimento em linha curva? Comecemos pela velocidade. Um corpo muito pequeno se move ao longo de uma curva, da esquerda para a direita. Tal corpo pequeno é geralmente chamado partícula. O ponto sobre a curva na Figura 8 mostra a posição da partícula em algum instante de tempo. Qual a velocidade correspondente a esse tempo e a essa posição?

Figura 8

Novamente a pista fornecida por Galileu conduz a um meio de introduzir a velocidade. Devemos, uma vez mais, usar a nossa imaginação e pensar em uma experiência idealizada. A partícula se move ao longo da curva, da esquerda para a direita, sob a influência de forças externas. Imagine-se que, em um dado tempo e no ponto indicado, todas essas forças cessam repentinamente de agir. De acordo com a lei da inércia, o movimento deverá ser, então, uniforme. Na prática, nós nunca podemos, naturalmente, libertar um corpo completamente de todas as influências externas. Podemos presumir "o que aconteceria se...?" e julgar a pertinência de nossa suposição pelas conclusões que possam ser tiradas e por sua concordância com a experimentação.

O vetor da Figura 9 indica a presumida direção do movimento uniforme se todas as forças externas desaparecessem. Observando uma partícula em movimento através de um microscópio, vê-se uma parte muito pequena da curva, que se apresenta como um pequeno segmento. A tangente é seu prolongamento. Assim, o vetor desenhado representa a velocidade em um dado instante. O vetor da velocidade está sobre a tangente. Seu comprimento representa a grandeza da velocidade, ou a velocidade conforme indicada, por exemplo, pelo velocímetro de um automóvel.

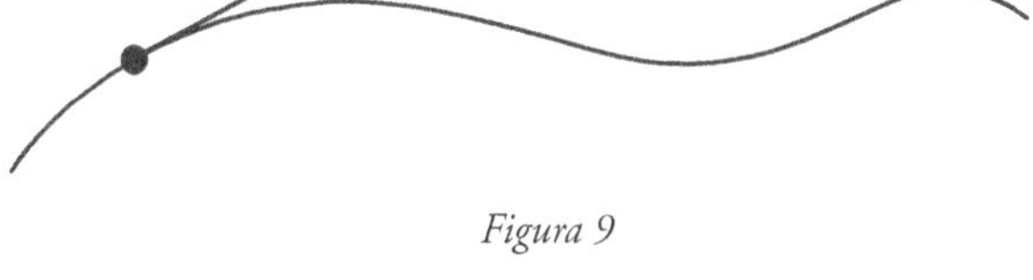

Figura 9

Nossa experiência idealizada sobre a destruição do movimento para determinar o vetor da velocidade não deve ser levada muito a sério. Simplesmente nos ajuda a compreender o que deveríamos chamar vetor de velocidade e nos permite determiná-lo para um dado instante em um ponto dado.

Na Figura 10, são mostrados os vetores de velocidade para três posições diferentes de uma partícula que se move ao longo de uma curva. Neste caso, não apenas a direção, mas também a grandeza da velocidade, conforme indicada pelo comprimento do vetor, varia durante o movimento.

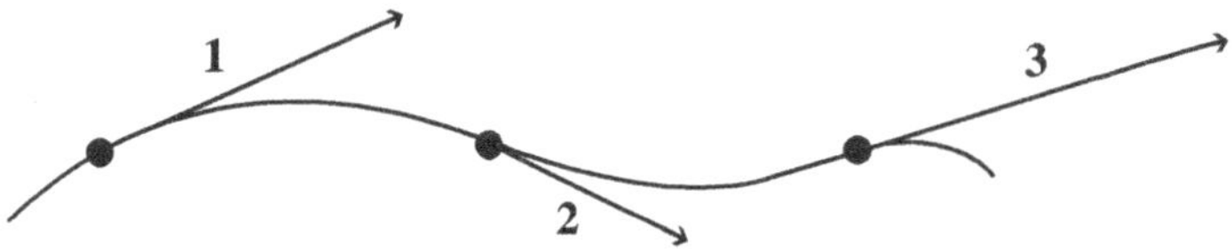

Figura 10

Satisfará este novo conceito de velocidade à exigência formulada para as generalizações? É óbvio que sim. A tangente a uma reta é a própria reta. O vetor de velocidade está na linha do movimento, precisamente como no caso do carrinho em movimento ou das esferas rolantes.

O próximo passo é a introdução da alteração da velocidade de uma partícula movendo-se ao longo de uma curva. Isso também pode ser feito de várias maneiras, das quais escolhemos a mais simples e mais conveniente. A Figura 10 mostrou vários vetores de velocidade representando o movimento em vários pontos ao longo da trajetória. Os dois primeiros deles podem ser redesenhados de modo a terem um ponto de partida comum, como vimos ser possível fazer com os vetores. Ao vetor de traços chamamos mudança de velocidade. Seu ponto de partida é a extremidade do primeiro vetor, e a sua extremidade é a extremidade do segundo vetor.

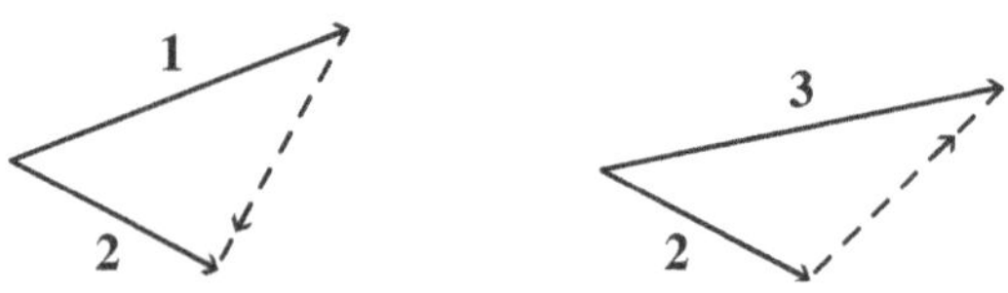

Figura 11

Essa definição de alteração de velocidade pode parecer, à primeira vista, artificial e destituída de significado. Ela se torna mais clara no caso especial em que os vetores (1) e (2) têm a mesma direção. Isso significa, naturalmente, voltarmos ao caso do movimento em linha reta. Se ambos os vetores têm o mesmo ponto de partida, o vetor de traços liga novamente suas extremidades. O desenho é agora idêntico ao da Figura 6, e o conceito anterior é reconquistado como um caso especial do novo conceito. Podemos anotar que tivemos de separar as duas linhas em nosso desenho porque, de outro modo, elas coincidiriam e seriam indistinguíveis.

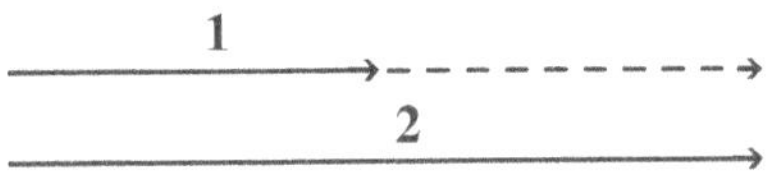

Figura 12

Temos de dar agora o último passo em nosso processo de generalização. É a mais importante de todas as suposições que tivemos de fazer até agora. A conexão entre força e mudança de velocidade deve ser estabelecida de modo que possamos formular a pista que nos permitirá compreender o problema geral do movimento.

A pista para uma explicação do movimento em linha reta foi simples: a força externa é responsável pela alteração da velocidade; o vetor de força tem a mesma direção que a alteração. Mas que deverá ser considerado a pista para o movimento curvilíneo? Exatamente a mesma! A única diferença é que a alteração de velocidade tem agora um significado mais amplo que antes. Uma olhadela nos vetores de traços das Figuras 11 e 12 nos faz ver claramente esse ponto. Se for conhecida a velocidade em todos os pontos ao longo da curva, a direção da força em qualquer ponto pode ser logo deduzida. Devem-se desenhar os vetores de velocidade de dois pontos separados por um intervalo de tempo muito curto, correspondentes, portanto, a posições muito próximas uma da outra. O vetor que vai da extremidade do primeiro à extremidade do segundo indica a direção da força atuante. Mas é essencial que os dois vetores de velocidade sejam separados apenas por um intervalo de tempo "muito curto". A análise rigorosa de expressões como "muito próximo", "muito curto" está longe de ser simples. Na verdade, foi essa análise que levou Newton e Leibniz à descoberta do cálculo diferencial.

O caminho que conduz à generalização da pista de Galileu é maçante e meticuloso. Não podemos mostrar aqui quão abundantes e frutíferas foram as consequências dessa generalização. Sua aplicação leva a explicações simples e convincentes de muitos fatos previamente incoerentes e mal compreendidos.

Da variedade extremamente rica de movimentos, tomaremos o mais simples e aplicaremos a sua explicação à lei há pouco formulada.

Uma bala disparada de um canhão, uma pedra lançada em ângulo com o plano horizontal, um jato de água emergido de uma mangueira descrevem, todos, trajetórias familiares de um mesmo tipo, a parábola. Imagine-se, por exemplo, um velocímetro adaptado a uma pedra, de modo que o seu vetor de velocidade possa ser desenhado para cada instante.

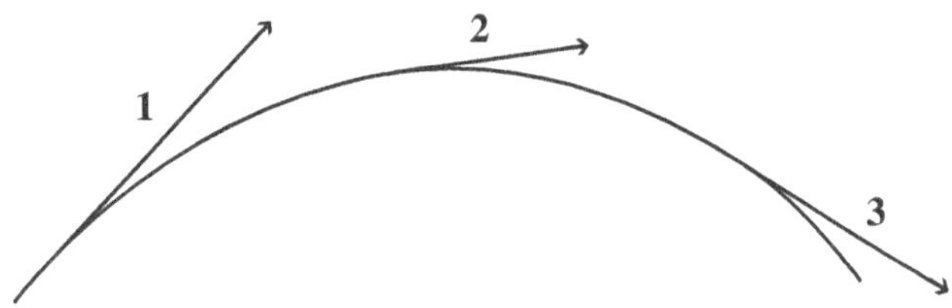

Figura 13

O resultado bem poderá ser o que está representado na Figura 13. A direção da força que atua sobre a pedra é simplesmente a da alteração da velocidade, e vimos como pode ser determinada. O resultado, mostrado na Figura 14, indica que a força é vertical e dirigida para baixo. É exatamente a mesma de quando se deixa uma pedra cair do topo de uma torre. As trajetórias são muito diferentes, o mesmo se dando com as velocidades, mas a alteração de velocidade tem a mesma direção, isto é, rumo ao centro da Terra.

Figura 14

Uma pedra presa à extremidade de um pedaço de barbante e girada em um plano horizontal se move em uma trajetória circular.

Todos os vetores do diagrama representativo desse movimento têm o mesmo comprimento se a velocidade indicada é uniforme. Não obstante, a velocidade não é uniforme, porquanto a trajetória não é uma linha reta. Somente do movimento uniforme retilíneo não participa força alguma. Neste caso, contudo, há força atuante, e a velocidade muda de direção e não de grandeza.

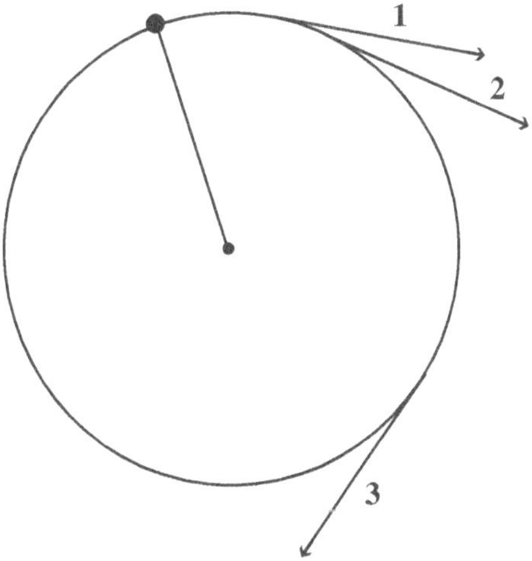

Figura 15

De acordo com a lei do movimento, deve haver alguma força responsável por essa alteração, uma força, neste caso, entre a pedra e a mão que segura o barbante. Mais outra questão surge imediatamente: em que direção atua a força? Novamente, um diagrama vetorial mostra a resposta. Desenham-se os vetores de velocidade para dois pontos muito próximos um do outro, sendo encontrada a velocidade. Vê-se que este último vetor é orientado ao longo do barbante, na direção do centro do círculo, sendo sempre perpendicular ao vetor de velocidade ou tangente. Em outras palavras, a mão exerce uma força sobre a pedra por meio do barbante.

É muito semelhante o exemplo mais importante da revolução da Lua em torno da Terra. Essa translação pode ser aproximadamente representada como um movimento circular uniforme.

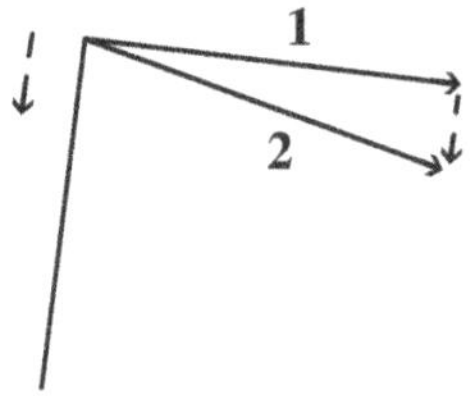

Figura 16

A força é dirigida para a Terra pela mesma razão que foi dirigida para a mão no exemplo anterior. Não há cordel algum ligando a Lua à Terra, mas podemos imaginar uma linha unindo os centros dos dois corpos; a força situa-se ao longo dessa linha e é dirigida para o centro da Terra, exatamente como a força que atua sobre uma pedra lançada ao ar e deixada cair de uma torre.

Tudo o que dissemos relativamente ao movimento pode ser resumido em uma única sentença: *força e alteração de velocidade são vetores que têm a mesma direção.* Esta é a pista inicial para o problema do movimento, mas certamente não chega para uma explicação completa de todos os movimentos observados. A transição da linha de pensamento de Aristóteles para a de Galileu formou a mais importante pedra angular do fundamento da ciência. Uma vez realizada essa mudança, a linha do desenvolvimento posterior tornou-se clara. O nosso interesse está, aqui, nos primeiros estágios do desenvolvimento, em seguir as pistas iniciais, em mostrar como nascem os novos conceitos físicos da difícil luta com as velhas ideias. Estamos interessados apenas no trabalho pioneiro em ciência, que consiste em encontrar caminhos novos e inesperados de desenvolvimento; nas aventuras do pensamento científico, que criam um quadro sempre mutável do Universo. Os passos iniciais e fundamentais têm sempre caráter revolucionário. A imaginação científica julga os velhos conceitos por demais restritivos, substituindo-os por outros novos. O desenvolvimento continuado ao longo de qualquer linha já iniciada tem mais a natureza de evolução, até que o próximo marco é atingido, quando um campo ainda mais novo tem de ser conquistado. Contudo, para compreender que razões e que dificuldades forçam uma modificação em conceitos importantes, devemos conhecer não apenas as pistas iniciais mas também as conclusões que podem ser tiradas.

Uma das mais importantes características da física moderna é a de que as conclusões tiradas das pistas iniciais são não apenas qualitativas mas também quantitativas. Consideremos novamente uma pedra que se deixa cair do alto de uma torre. Vimos que a sua velocidade aumenta com a queda, mas gostaríamos de saber muito mais. Qual o valor dessa alteração? E quais a posição e a velocidade da pedra em qualquer tempo depois que ela começa a cair? Queremos estar capacitados para prever os acontecimentos e determinar pela experimentação se a observação confirma essas predições e, assim, as suposições iniciais.

Para tirar conclusões quantitativas temos de usar a linguagem da matemática. A maioria das ideias fundamentais da ciência são essencialmente simples e podem, em geral, ser expressadas em linguagem compreensível para qualquer um. Seguir essas ideias exige o conhecimento de uma técnica altamente refinada de investigação. A matemática é necessária como instrumento de raciocínio se queremos tirar conclusões que podem ser comparadas com a experiência. Enquanto nos interessarmos apenas pelas ideias fundamentais da física poderemos evitar a linguagem da matemática. Como fazemos isso consistentemente nestas páginas, teremos ocasionalmente de restringir-nos a citar, sem prova, alguns dos resultados necessários à compreensão de pistas importantes que surgem no desenvolvimento ulterior. O preço que tem de ser pago pelo abandono da linguagem da matemática é uma perda em precisão e a necessidade de algumas vezes citar resultados sem mostrar como foram conseguidos.

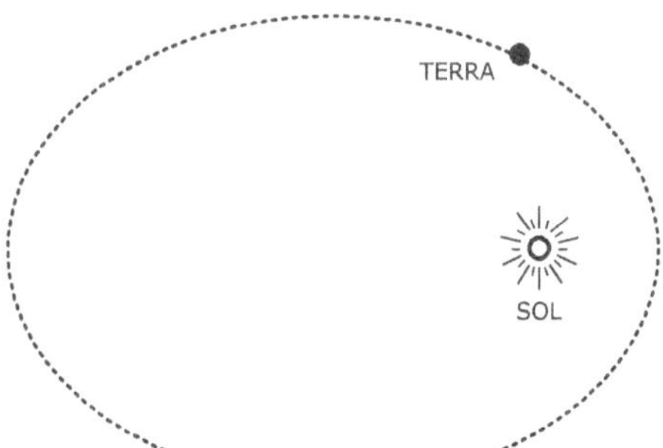

Figura 17

Um exemplo muito importante de movimento é o da Terra em torno do Sol. Sabe-se que a trajetória é uma curva fechada, chamada elipse. A construção de um diagrama vetorial da alteração da velocidade mostra que a força que atua sobre a Terra é dirigida para o Sol. Mas isso é, afinal, informação insuficiente. Gostaríamos de estar capacitados para predizer a posição da Terra e de outros planetas em qualquer instante arbitrário de tempo, gostaríamos de prever a data e a duração do próximo eclipse solar e muitos outros acontecimentos astronômicos. É possível fazer essas coisas, mas não apenas com base em nossa pista inicial, pois torna-se agora necessário saber não apenas a direção da força mas também seu valor absoluto, sua grandeza. Foi Newton quem fez a inspirada suposição a esse respeito. De acordo com a sua *lei da gravitação*, a força de atração entre dois corpos depende, de maneira simples, da distância entre eles. Torna-se menor quando a distância aumenta. De modo mais específico, ela se torna 2 x 2 = 4 vezes menor se a distância é elevada ao dobro, 3 x 3 = 9 vezes menor se a distância é elevada ao triplo.

Vemos assim que, no caso da força gravitacional, conseguimos expressar, de um modo simples, a dependência em que a força está da distância entre os corpos em movimento. Procedemos similarmente em todos os casos em que atuam forças de tipos diferentes, como sejam elétrica, magnética e outras do gênero. Tentamos usar uma expressão simples para a força. Tal expressão só é justificada quando as conclusões dela tiradas são confirmadas pela experimentação.

Mas esse conhecimento da força gravitacional não é por si só suficiente para uma descrição do movimento dos planetas. Vimos que os vetores representativos de força e alteração de velocidade para qualquer intervalo curto de tempo têm a mesma direção, mas devemos seguir Newton dando mais um passo e admitindo uma relação simples entre seus comprimentos. Sendo todas as demais condições iguais, isto é, o mesmo corpo em movimento e alterações consideradas em intervalos de tempo iguais, então, de acordo com Newton, a alteração da velocidade é proporcional à força.

Assim, apenas duas suposições complementares são necessárias para as conclusões quantitativas com respeito aos movimentos dos planetas. Uma é de caráter geral, enunciando a conexão entre força e alteração de velocidade. A outra é especial e enuncia a dependência exata em que o tipo particular de força envolvida está na distância entre os corpos. A primeira é a lei geral do movimento de Newton, e a segunda é sua lei da gravitação. Juntas, elas determinam o movimento. Isto pode ser esclarecido pelo seguinte raciocínio, que soa algo desajeitado. Suponhamos que, em um tempo dado, a posição e a velocidade de um planeta possam ser determinadas e que a força seja conhecida. Então, de acordo com a lei de Newton, sabemos qual a alteração da velocidade durante um intervalo curto de tempo. Conhecendo a velocidade inicial e sua alteração, podemos encontrar a velocidade e a posição do planeta no fim do intervalo de tempo. Pela repetição continuada desse processo, pode ser traçada toda a trajetória do movimento sem mais recurso a dados obtidos pela observação. Esta é, em princípio, a maneira pela qual a mecânica prediz o curso de um corpo em movimento, mas o método aqui usado dificilmente seria funcional. Na prática, tal procedimento passo a passo seria extremamente tedioso, bem como impreciso. Felizmente, ele é muito desnecessário; a matemática fornece um atalho e possibilita a descrição precisa do movimento com muito menos tinta do que usamos para escrever uma sentença. As conclusões assim obtidas podem ser provadas ou desaprovadas pela observação.

O mesmo tipo de força externa é reconhecido no movimento de uma pedra que cai no ar e na revolução da Lua em sua órbita, a saber, a da atração dos corpos materiais pela Terra. Newton reconheceu que os movimentos de pedras que caem, da Lua e dos planetas são apenas manifestações muito especiais de uma força universal de gravitação que atua entre dois corpos quaisquer. Em casos simples, o movimento pode ser descrito e predito com a ajuda da matemática. Em casos remotos e extremamente complicados, envolvendo a ação de muitos corpos entre si, uma descrição matemática não é coisa simples, mas os princípios fundamentais são os mesmos.

Vemos as conclusões a que chegamos seguindo nossas pistas originais realizadas no movimento de uma pedra lançada, no movimento da Lua, da Terra e dos planetas.

É, na realidade, todo o nosso sistema de suposições o que tem de ser provado ou desaprovado pela experimentação. Nenhuma das suposições pode ser isolada para ser posta à prova em separado. No caso dos planetas se movendo em torno do Sol, constata-se que o sistema de mecânica funciona esplendidamente. Não obstante, nós bem podemos imaginar que outro sistema, baseado em suposições diferentes, possa funcionar igualmente bem.

Os conceitos físicos são criações livres da mente humana, não sendo, por mais que possa parecer, singularmente determinados pelo mundo exterior. Em nosso esforço para compreender a realidade nós somos algo semelhante a um homem tentando compreender o mecanismo de um relógio fechado. Ele vê o mostrador e os ponteiros em movimento, até ouve o seu tique-taque, mas não tem meio algum de abrir a caixa. Se for engenhoso, poderá formar alguma imagem de um mecanismo que poderia ser responsável por todas as coisas que observa, mas jamais poderá estar bem certo de que a sua imagem seja a única capaz de explicar suas observações. Jamais poderá comparar essa imagem com o mecanismo real e não pode sequer imaginar a possibilidade ou o significado de tal comparação. Mas certamente acredita que, com o aumento de seus conhecimentos, a sua imagem da realidade se tornará cada vez mais simples e explicará uma gama cada vez maior de impressões sensoriais. Pode também acreditar na existência do limite ideal de conhecimento e que a mente humana dele se aproxima. Poderá chamar esse limite ideal de verdade objetiva.

5
Resta uma pista

Quando se estuda mecânica pela primeira vez tem-se a impressão de que tudo nesse ramo da ciência é simples, fundamental e resolvido para sempre. Dificilmente se suspeitaria da existência de uma pista importante que ninguém notou durante 300 anos. A pista negligenciada se relaciona com um dos conceitos fundamentais da mecânica, o de *massa.*

Voltamos novamente ao experimento simples idealizado do carrinho em uma estrada perfeitamente lisa. Se o carrinho estiver inicialmente em repouso e receber um empurrão, irá se mover a seguir uniformemente com uma certa velocidade. Suponha-se que a ação da força possa ser repetida quantas vezes se quiser, com o mecanismo de empurrar agindo da mesma maneira e exercendo a mesma força sobre o mesmo carrinho. Independentemente do número de vezes que a experiência seja repetida, a velocidade final será sempre a mesma. Mas que acontecerá se a experiência for modificada, se antes o carrinho estivesse vazio e agora estiver cheio? O carrinho carregado terá uma velocidade final menor que a do carrinho vazio. A conclusão é: se a mesma força atua sobre dois corpos diferentes, ambos inicialmente em repouso, as velocidades resultantes não serão iguais. Dizemos que a velocidade depende da massa do corpo, sendo menor se a massa for maior.

Sabemos, portanto, pelo menos teoricamente, como determinar a massa de um corpo ou, mais exatamente, quantas vezes maior uma massa é que outra. Temos forças idênticas atuando sobre duas massas em repouso. Constatando que a velocidade da primeira massa é três vezes maior que a da segunda, podemos concluir que a primeira massa é três vezes menor que a segunda. Não se trata, certamente, de um modo prático de determinar a razão entre duas massas. Podemos, não obstante, imaginar-nos fazendo-o dessa maneira, ou de algum modo similar, com base na aplicação da lei da inércia.

Como determinamos realmente a massa na prática? Naturalmente que não da maneira que acabamos de descrever. Todos sabem a resposta correta. Fazemos isso pela pesagem em uma balança.

Discutamos mais detalhadamente os dois modos diferentes de determinar a massa.

A primeira experiência nada tinha a ver com a gravidade, a atração da Terra. O carrinho se move em um plano perfeitamente liso e horizontal após receber o impulso. A força gravitacional, que faz com que o carrinho permaneça no plano, não se altera, não desempenhando papel algum na determinação da massa. A coisa é inteiramente diferente no caso da pesagem. Jamais poderíamos usar uma balança se a Terra não atraísse os corpos, se a gravidade não existisse. A diferença entre as duas determinações da massa está em que a primeira nada tem a ver com a força da gravidade e a segunda é essencialmente baseada em sua existência.

Perguntamos: se determinarmos a razão entre duas massas pelos dois métodos acima descritos, obteremos o mesmo resultado?

A resposta, dada pela experiência, é bem clara. Os resultados são exatamente iguais! Essa conclusão não poderia ter sido prevista e se baseia na observação, e não na razão. Chamemos, a bem da simplicidade, a massa determinada da primeira maneira *massa inercial*, e a determinada do segundo modo *massa gravitacional*. Em nosso mundo, acontece serem elas iguais, mas bem podemos imaginar que tal não deveria ser o caso. Surge imediatamente outra questão: será essa identidade entre os dois tipos de massa puramente acidental, ou terá significação mais profunda? A resposta, do ponto de vista da física clássica, é: a identidade entre as duas massas é acidental, não lhe devendo ser atribuída qualquer significação mais profunda. A resposta da física moderna é justamente o oposto: a identidade entre as duas massas é fundamental e forma uma pista nova e essencial que conduz a uma compreensão mais profunda. Esta foi, na verdade, uma das mais importantes pistas a partir das quais a chamada teoria geral da relatividade foi desenvolvida.

Uma história de mistério parece inferior se explica fatos estranhos como acidentes. É certamente mais satisfatório fazer com que a história siga um esquema racional. Exatamente da mesma maneira, uma teoria que oferece uma explicação para a identidade entre massas inercial e gravitacional é superior a outra que interprete sua identidade como acidental, desde que, naturalmente, as duas teorias sejam igualmente consistentes com os fatos observados.

Como essa identidade entre massas inercial e gravitacional foi fundamental para a formulação da teoria da relatividade, estamos justificados em examiná-la um pouco mais de perto. Que experimentos provam convincentemente serem as duas massas iguais? A resposta está na velha experiência de Galileu, na qual ele deixou cair massas diferentes de uma torre. Ele observou que o tempo exigido para a queda era sempre o mesmo, que o movimento de um corpo em queda não depende da massa. A articulação desse resultado simples, mas altamente importante, com a identidade entre as duas massas exige raciocínio algo intricado.

Um corpo em repouso cede ante a ação de uma força externa, movendo-se e atingindo uma certa velocidade. Cede mais facilmente ou menos facilmente de acordo com a sua massa inercial, resistindo mais fortemente ao movimento se a massa for grande do que se for pequena. Podemos dizer, sem pretender ser rigorosos: a presteza com que um corpo atende à solicitação de uma força externa depende de sua massa inercial. Se fosse verdade que a Terra atrai todos os corpos com a mesma força, o de maior massa inercial se moveria mais lentamente na queda do que qualquer outro. Mas tal não é o caso: todos os corpos caem da mesma maneira. Isso significa que a força com que a Terra atrai massas diferentes deve ser diferente. Mas a Terra atrai uma pedra com a força da gravidade, e nada sabe de sua massa inercial. A força "solicitante" da Terra depende da massa gravitacional. O movimento de "atendimento" da pedra depende da massa inercial. Como o movimento de "atendimento" é sempre o mesmo – todos os corpos que caem de uma mesma altura caem da mesma maneira –, deve-se deduzir que a massa gravitacional e a massa inercial são iguais.

Um físico formula a mesma conclusão de modo mais pedante: a aceleração de um corpo em queda aumenta proporcionalmente à sua massa gravitacional e diminui proporcionalmente à sua massa inercial. Como todos os corpos em queda têm a mesma aceleração constante, as duas massas devem ser iguais.

Em nossa grande história de mistério não há problemas totalmente resolvidos e solucionados para sempre. Após 300 anos tivemos de voltar ao problema inicial do movimento, para rever o procedimento da investigação, para encontrar novas pistas que haviam sido descuidadas, chegando, assim, a um novo quadro do Universo.

6

Será o calor uma substância?

Começamos, aqui, a seguir uma nova pista, que se origina no reino dos fenômenos do calor. É, contudo, impossível dividir a ciência em seções separadas e não relacionadas entre si. Na verdade, constataremos em breve que os novos conceitos aqui introduzidos são entretecidos com os já familiares e com os que ainda teremos de topar. Uma linha de pensamento desenvolvida em um ramo da ciência pode com muita frequência ser aplicada à descrição de acontecimentos aparentemente de caráter muito diferente. Nesse processo, os conceitos originais são frequentemente modificados de modo a fazer aumentar a compreensão tanto dos fenômenos dos quais brotaram como aqueles a que são novamente aplicados.

Os conceitos mais fundamentais da descrição dos fenômenos do calor são *temperatura* e *calor*. Foi necessário um tempo inacreditavelmente longo da história da ciência para que esses dois conceitos fossem distinguidos, mas, uma vez feita essa distinção, resultou rápido progresso. Embora tais conceitos sejam hoje familiares a todos, nós os examinaremos de perto, acentuando as diferenças entre eles.

O nosso sentido do tato nos diz bem definidamente que um corpo é quente e outro é frio. Mas trata-se de critério puramente qualitativo, insuficiente para uma descrição quantitativa, e, por vezes, até ambíguo. Isso é mostrado por uma experiência bem conhecida: temos três vasos contendo, respectivamente, água fria, água morna e água quente. Mergulhamos uma das mãos na água fria e a outra na água quente, recebemos uma mensagem da primeira dizendo-nos que a água está fria, e, da segunda, outra mensagem dizendo-nos que a água está quente. Se, a seguir, mergulharmos ambas as mãos na água morna, recebemos duas mensagens contraditórias, uma de cada mão. Pela mesma razão, um esquimó e um nativo de algum país equatorial que se encontrem em Nova York em um dia de primavera terão opiniões diferentes sobre se o clima está quente ou frio. Solucionamos todas essas questões pelo uso de um termômetro, instrumento projetado em forma primitiva por Galileu. Aí está novamente esse nome familiar! O uso de um termômetro se baseia em algumas suposições físicas óbvias. Iremos lembrá-las com a citação de algumas linhas de uma preleção feita há cerca de 150 anos por Black, o qual contribuiu muito para a eliminação das dificuldades relacionadas com os dois conceitos – calor e temperatura:

> Pelo uso desse instrumento aprendemos que, se tomarmos mil ou mais tipos diferentes de matéria, tais como metais, pedras, sais, madeiras, penas de aves, lãs, água e uma variedade de outros fluidos, embora eles tenham todos, de início, *calores* diferentes, se forem colocados juntos em uma mesma sala sem aquecimento e que não seja

penetrada pela luz do Sol, o calor será comunicado do mais quente desses corpos para o mais frio, talvez no transcurso de algumas horas, ou de um dia, e se, no fim desse tempo, aplicarmos um termômetro a todos eles em sucessão, o termômetro indicará precisamente o mesmo grau.

A palavra *calores,* grifada, deve, de acordo com a nomenclatura atual, ser substituída pelo termo *temperaturas.*

Um médico que retire o termômetro da boca de um doente poderá raciocinar desta maneira: "O termômetro indica sua própria temperatura pela extensão de sua coluna de mercúrio. Admitimos que a extensão da coluna de mercúrio aumenta proporcionalmente ao aumento de temperatura. Mas o termômetro esteve por alguns minutos em contato com o meu paciente, de modo que ambos, o termômetro e o paciente, têm a mesma temperatura. Concluo, portanto, que a temperatura do meu paciente é aquela registrada pelo termômetro." Provavelmente, o médico age mecanicamente, mas aplica princípios físicos sem que pense nisso.

Mas conterá o termômetro a mesma quantidade de calor que o corpo do homem? Claro que não. Admitir que dois corpos contêm quantidades iguais de calor simplesmente pelo fato de suas temperaturas serem iguais seria, como observou Black,

> adotar ponto de vista muito apressado sobre o assunto. É confundir a quantidade de calor em corpos diferentes com seu vigor ou intensidade gerais, embora seja manifesto tratar-se de duas coisas diferentes, devendo ser sempre distinguidas, quando estamos considerando a distribuição do calor.

Uma compreensão dessa distinção pode ser conseguida considerando-se uma experiência muito simples. Um litro de água colocado sobre uma chama de gás leva algum tempo para passar da temperatura ambiente para a temperatura de ebulição. Um tempo muito mais longo é necessário para aquecer, digamos, 12 litros de água no mesmo vaso por meio da mesma chama. Interpretamos esse fato como indicativo de que, no segundo caso, é necessário mais um pouco de "algo", e chamamos a esse "algo" *calor.*

Outro conceito importante, *calor específico,* é adquirido pela seguinte experiência: consideremos um vaso contendo um litro de água e outro contendo um litro de mercúrio, ambos a serem aquecidos da mesma maneira. O mercúrio aquece muito mais rapidamente que a água, mostrando que menos "calor" é necessário para elevar a sua temperatura de um grau. De modo geral, são necessárias quantidades diferentes de "calor" para alterar de um grau, digamos de 40 para 41 graus centígrados, as temperaturas de substâncias diferentes tais como água, mercúrio, ferro, cobre, madeira etc., todos de igual massa. Dizemos que cada substância tem sua *capacidade de calor* individual, ou seu *calor específico.*

Uma vez conquistado o conceito de calor, podemos investigar mais de perto sua natureza. Temos dois corpos, um quente e outro frio, ou, mais precisamente, um de temperatura mais elevada do que o outro. Colocamos os dois em contato, livrando-os de todas as influências externas. Nós sabemos que eles adquirirão, finalmente, a mesma temperatura. Mas como isso se dá? Que acontece entre o instante em que são postos em contato e a obtenção de temperaturas iguais? A ideia do calor "fluindo" de um corpo para o outro logo se sugere, à semelhança da água escoando de um nível mais alto para outro mais baixo. Essa imagem, embora primitiva, parece harmonizar-se com muitos dos fatos, de modo que se estabelece a seguinte analogia:

Água – Calor
Nível mais alto – Temperatura mais elevada
Nível mais baixo – Temperatura mais baixa

O escoamento prossegue até que ambos os níveis, isto é, ambas as temperaturas, sejam iguais. Esse ponto de vista singelo pode ser tornado mais útil por considerações quantitativas. Se massas definidas de água e álcool, cada uma de uma temperatura definida, são misturadas, um conhecimento dos calores específicos conduzirá a uma predição da temperatura final da mistura. Inversamente, uma observação da temperatura final, juntamente com um pouco de álgebra, nos permitiria encontrar a razão entre os dois calores específicos.

Reconhecemos, no conceito de calor que aqui aparece, uma semelhança com outros conceitos físicos. O calor é, segundo o nosso ponto de vista, uma substância, tal como a massa em mecânica. Sua quantidade poderá alterar-se ou não, como o dinheiro guardado em um cofre ou gasto. A quantidade de dinheiro em um cofre permanecerá inalterada enquanto o cofre permanecer fechado, o mesmo se dando com as quantidades de massa e calor em um corpo isolado. A garrafa térmica ideal é análoga a esse cofre. Mais ainda, assim como a massa de um sistema isolado fica inalterada mesmo que ocorra uma transformação química, assim também o calor é conservado até fluir de um corpo para outro. Até se o calor não for usado para elevar a temperatura de um corpo, mas para derreter gelo, digamos, ou para transformar a água em vapor, ainda podemos pensar nele como uma substância e reavê-lo inteiramente congelando a água ou liquefazendo o vapor. Os velhos nomes, calor latente do derretimento ou da vaporização, mostram que esses conceitos são retirados da ideia de calor como uma substância. O calor latente é temporariamente escondido, como o dinheiro guardado em um cofre, mas disponível para o uso caso se conheça o segredo da fechadura.

Mas o calor não é, certamente, uma substância no mesmo sentido que a massa. A massa pode ser detectada por meio de balanças, mas, e o calor? Um pedaço de ferro pesará mais quando aquecido ao rubro do que quando frio como o gelo? A experimentação mostra que não. Se o calor for mesmo uma substância, será uma substância sem peso. A "substância calor" foi usualmente chamada *calórico*, e é nossa primeira conhecida de uma família inteira de substâncias destituídas de peso. Mais tarde teremos ocasião de seguir a história da família, desde o seu surgimento até à sua queda. Por enquanto basta anotar o nascimento desse membro especial.

O propósito de qualquer teoria física é explicar o maior número possível de fenômenos. É justificável enquanto tornar os acontecimentos compreensíveis. Vimos que a teoria da substância explica muitos dos fenômenos do calor. Contudo, em breve irá se tornar aparente que essa conquista é falsa, que o calor não pode ser considerado uma substância, nem mesmo sem peso. Isso fica claro se consideramos algumas experiências simples que marcaram o início da civilização.

Pensamos em uma substância como algo que não pode ser criado nem destruído. No entanto, o homem primitivo criou calor suficiente para produzir a ignição da madeira. Os exemplos de aquecimento pelo atrito são, em verdade, por demais numerosos e familiares para que precisem ser repetidos. Em todos esses casos é criada alguma quantidade de calor, fato dificilmente explicável pela teoria da substância. É bem verdade que um defensor dessa teoria poderia inventar argumentos para justificá-la. Seu raciocínio se processaria mais ou menos assim: "A teoria da substância pode explicar a criação aparente de calor. Tome-se o exemplo mais simples, de dois pedaços de madeira atritados um no outro. O atrito é algo que influi sobre a madeira e altera suas propriedades. É muito provável que as propriedades sejam tão modificadas que uma quantidade não alterada de calor venha a produzir uma temperatura mais elevada do que antes. Afinal, a única coisa que notamos é a elevação de temperatura. É possível que o atrito altere o calor específico da madeira e não a quantidade total de calor."

A esta altura da discussão seria inútil argumentar com um defensor da teoria da substância, por se tratar de questão que só pode ser solucionada pela experimentação. Imaginem-se dois pedaços idênticos de madeira e também que alterações iguais de temperatura são produzidas por métodos diferentes; em um dos casos por atrito e no outro pelo contato com um radiador, por exemplo. Se os dois pedaços têm o mesmo calor específico à nova temperatura, toda a teoria da substância deverá ruir. Há métodos muito simples de determinar os calores específicos, e o destino da teoria depende do resultado justamente de tais medições. As provas que são capazes de pronunciar um veredicto de vida ou de morte para uma teoria ocorrem frequentemente na história da física e são chamadas experiências cruciais. O valor crucial de uma experiência só é revelado pelo modo em que a questão é formulada e somente uma teoria do fenômeno pode ser posta à prova por ela. A determinação dos calores específicos de dois corpos do mesmo tipo, as temperaturas iguais alcançadas pelo atrito e pelo escoamento do calor, respectivamente, é um exemplo típico de experiência crucial. Essa experiência foi feita há cerca de 150 anos por Rumford e desfechou um golpe de morte na teoria da substância do calor.

Um extrato da própria descrição feita por Rumford conta a história:

> Acontece frequentemente que nos assuntos e ocupações ordinários da vida se oferecem oportunidades de contemplar algumas das mais curiosas operações da natureza; e várias experiências filosóficas muito interessantes podem ser com frequência feitas, quase sem trabalho ou despesa, por meio da maquinaria ideada para os meros propósitos mecânicos das artes e das manufaturas.
>
> Tive frequentemente ocasião de fazer essa observação; e estou persuadido de que o hábito de manter os olhos abertos para tudo o que ocorre no curso normal dos negócios da vida tem com mais frequência conduzido, por assim dizer, por acidente, ou durante as travessas excursões da imaginação, postas em ação pela contemplação das aparências mais comuns, a dúvidas úteis e a planos simples de investigação e aprimoramento, do que todas as meditações mais intensas dos filósofos, nas horas expressamente reservadas ao estudo...
>
> Tendo estado, ultimamente, ocupado na superintendência da perfuração da alma de canhões, nas oficinas do arsenal militar de Munique, fiquei impressionado com o grau muito considerável de calor que um canhão de bronze adquire, em um curto tempo, ao ser perfurado; e com o calor ainda mais intenso (muito mais elevado que o da água em ebulição, como descobri pela experimentação) das aparas metálicas dele separadas pela furadeira...
>
> De onde vem o calor realmente produzido na operação mecânica acima mencionada?
>
> Será fornecida pelas aparas metálicas que são separadas pela furadeira da massa sólida de metal?
>
> Se esse fosse o caso, então, de acordo com a moderna doutrina do calor latente, e do calórico, não apenas a capacidade deve ser alterada, mas a alteração por que elas passam deve ser suficientemente grande para ser responsável por todo o calor produzido.
>
> Mas não ocorreu alteração como essa; porque constatei, após tomar quantidades iguais, em peso, dessas aparas, e de tiras delgadas do mesmo bloco de metal separadas por meio de uma serra fina, colocando-as a uma mesma temperatura (a da água em ebulição), em quantidades iguais de água fria (equivale a dizer, à temperatura de 591/2°F), que

> a porção de água em que foram colocadas não foi, segundo todas as aparências, mais aquecida ou menos aquecida do que a outra porção, na qual as tiras de metal foram colocadas.
>
> Finalmente chegamos a esta conclusão.
>
> E, meditando sobre este assunto, não devemos esquecer de considerar a mais notável circunstância, de que a fonte de calor gerada pelo atrito, nessas experiências, pareceram ser evidentemente *inexauríveis*. É desnecessário acrescentar que qualquer coisa que qualquer corpo ou sistema de corpos *isolado* pode continuar a fornecer *sem limitação* não poderá ser, possivelmente, uma *substância material*; e a mim parece extremamente difícil, se não impossível, formar qualquer ideia distinta de algo capaz de ser excitado e comunicado da maneira em que o calor foi excitado e comunicado nessas Experiências, exceto se for MOVIMENTO.

Vemos assim a derrocada da velha teoria, ou, com mais exatidão, vemos que a teoria da substância é limitada aos problemas do escoamento de calor. Novamente, como intimou Rumford, devemos buscar uma nova pista. Para fazê-lo, deixemos por momentos o problema do calor e voltemos à mecânica.

7
A montanha-russa

Acompanhemos o movimento daquela diversão produtora de sensações que é a montanha-russa. Um carro pequeno é elevado ou dirigido até o ponto mais alto da pista. Quando é liberado, começa a descer sob a força da gravidade e depois sobe e desce ao longo de uma linha curva fantástica, dando aos ocupantes uma sensação produzida pelas alterações da velocidade. Toda montanha-russa tem o seu ponto mais alto que é aquele onde começa a descida. O carrinho não volta mais, em todo o curso do movimento, a atingir a mesma altura. Uma descrição completa do movimento seria muito complicada. De outro lado, está o aspecto mecânico do problema, as alterações de velocidade e a posição no tempo. A única razão significativa para se dividir o processo físico nesses dois aspectos é possibilitar o uso dos conceitos previamente discutidos. A divisão conduz a uma experiência idealizada; pois um processo físico no qual só aparece o aspecto mecânico só pode ser imaginado, nunca realizado.

Para a experiência idealizada, podemos imaginar que alguém aprendeu como eliminar inteiramente o atrito que sempre acompanha o movimento. Essa pessoa resolve aplicar a sua descoberta à construção de uma montanha-russa, tendo de determinar ela própria como construí-la. O carro deverá subir e descer, com o seu ponto de partida, digamos, a 30 metros de altura do nível do chão. Essa pessoa cedo descobre, por tentativas, que deve seguir uma regra muito simples: pode construir a pista com a trajetória que bem lhe aprouver, desde que nenhum ponto seja mais alto que o ponto de partida. Para que o carro possa prosseguir livremente até ao fim do curso, sua altura poderá chegar a 30 metros quantas vezes a pessoa quiser, mas nunca exceder essa altura. A altura inicial jamais pode ser atingida por um carro na pista de uma "montanha-russa" real, por causa do atrito, mas o nosso engenheiro hipotético não precisa preocupar-se com isso.

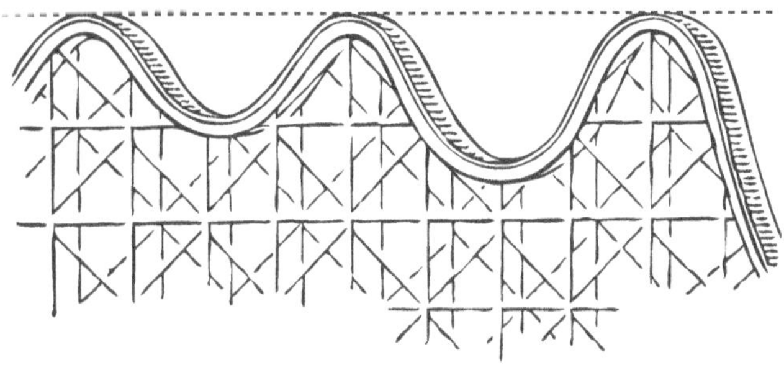

Figura 18

Sigamos o movimento do carro idealizado na montanha-russa idealizada quando ele começa a deslocar-se para baixo no ponto de partida. Conforme ele se vai deslocando, sua distância da terra vai diminuindo, mas sua velocidade aumenta. Essa sentença poderá, à primeira vista, lembrar-nos uma lição de linguagem: "Não tenho um lápis mas você tem seis laranjas." Ela não é, contudo, tão estúpida. Não há conexão alguma entre eu não ter um lápis e você ter seis laranjas, mas há uma conexão muito real entre a distância do carro à terra e sua velocidade. Podemos calcular a velocidade do carro em qualquer momento se sabemos a que altura se encontra, nesse momento, da terra, mas omitimos esse ponto aqui por causa de seu caráter quantitativo, que pode ser mais bem expressado por fórmulas matemáticas.

No ponto mais alto, o carro tem velocidade zero e se encontra a 30 metros do chão. No ponto mais baixo possível, não está a distância alguma do chão e terá sua maior velocidade. Esses fatos podem ser expressados em outros termos. Em seu ponto mais alto, o carro tem *energia potencial* e nenhuma *energia cinética* ou energia de movimento. Em quaisquer posições intermediárias, nas quais haja alguma velocidade e alguma elevação, ele tem tanto energia cinética como energia potencial. A energia potencial aumenta com a elevação, ao passo que a energia cinética se torna maior com o aumento da velocidade. Os princípios da mecânica bastam para explicar o movimento. Duas expressões para a energia ocorrem na descrição matemática, cada uma das quais se altera, embora a soma das duas não varie. É, assim, possível introduzir matemática e rigorosamente os conceitos de energia potencial, dependente da posição, e energia cinética, dependente da velocidade. A adoção dos dois nomes é, naturalmente, arbitrária e somente justificada pela conveniência. A soma das duas quantidades permanece inalterada e é chamada constante de movimento. A energia total, cinética mais potencial, é como uma substância, por exemplo, dinheiro mantido intacto no tocante à quantia, mas trocado continuamente de uma moeda para outra, digamos de dólares para libras esterlinas e novamente para dólares, de acordo com uma taxa cambial bem definida.

Na montanha-russa, em que o atrito impede que o carro volte a atingir um ponto tão alto quanto aquele do qual partira, ainda se verifica uma troca contínua entre energia cinética e energia potencial. Aqui, contudo, a soma não permanece constante, tornando-se cada vez menor. Agora se faz necessário mais um passo importante e corajoso para relacionar os aspectos mecânico e calorífico do movimento. A riqueza de consequências e generalizações desse passo será vista adiante.

Figura 19

Algo mais do que as energias cinética e potencial está agora envolvido, a saber, o calor criado pelo atrito. Corresponderá esse calor à diminuição da energia mecânica, isto é, da energia cinética e potencial? Uma nova suposição está iminente. Se o calor puder ser considerado uma forma de energia, talvez a soma das três energias, calorífica, cinética e potencial, permaneça constante. Não o calor sozinho, mas o calor e outras formas de energia, juntos, são, como uma substância, indestrutíveis. É como se um homem devesse pagar uma comissão a si mesmo, em francos, por trocar dólares em libras esterlinas, devendo o dinheiro da comissão ser também economizado, de modo que a soma de dólares, libras esterlinas e francos fosse uma quantia fixa, de acordo com alguma taxa de câmbio fixa.

O progresso da ciência destruiu o velho conceito de calor como uma substância. Tentamos criar uma nova substância, energia, com o calor como uma de suas formas.

8
Razão de transformação

Há mais de 100 anos, a nova pista que conduziu ao conceito de calor como uma forma de energia foi concebida por Mayer e confirmada experimentalmente por Joule. É uma estranha coincidência que todo o trabalho fundamental relacionado com a natureza do calor tenha sido realizado por físicos não profissionais que consideravam a física o seu maior passatempo. Dentre eles estão o versátil escocês Black, o médico alemão Mayer e o grande aventureiro norte-americano conde Rumford, que passou a viver na Europa e, entre outras atividades, tornou-se ministro da Guerra da Baviera. Também o fabricante de cerveja Joule, em suas horas vagas, realizou algumas das mais importantes experiências sobre conservação da energia.

Joule verificou por experiência a suposição de que o calor fosse uma forma de energia e determinou a razão de transformação. Vale a pena vermos quais foram os resultados que obteve.

As energias cinética e potencial de um sistema constituem, juntas, a sua energia mecânica. No caso da montanha-russa, fizemos uma suposição de que alguma energia mecânica fora convertida em calor. Se isso estiver certo, deverá haver aqui e em todos os processos físicos similares uma *razão de transformação* entre os dois. Trata-se de questão rigorosamente quantitativa, mas o fato de uma determinada quantidade de energia mecânica poder ser transformada em uma quantidade definida de calor é altamente importante. Gostaríamos de saber que número expressa a razão de transformação, isto é, quanto calor obtemos de uma determinada quantidade de energia mecânica.

A determinação desse número constitui o objetivo das pesquisas de Joule. O mecanismo de uma de suas experiências é muito semelhante ao de um relógio de peso. O processo de dar corda a esse relógio consiste em elevar dois pesos, adicionando, assim, energia potencial ao sistema. Os pesos caem gradativamente e o relógio anda. No fim de um certo tempo, os pesos terão atingido sua posição mais baixa e o relógio terá parado. Que terá acontecido à energia? A energia potencial dos pesos transformou-se na energia cinética do mecanismo e foi então gradualmente dissipada como calor.

Uma inteligente alteração desse tipo de mecanismo permitiu a Joule medir a perda de calor e, assim, a razão de transformação. Em seu aparelho, dois pesos faziam uma roda de palhetas girar imersa em água. A energia potencial dos pesos foi transformada em energia cinética das partes movediças, e, portanto, em calor, que fez subir a temperatura da água. Joule mediu essa alteração de temperatura e, fazendo uso do calor específico da água, conhecido, calculou a quantidade de calor absorvido. Ele resumiu assim os resultados de muitas tentativas:

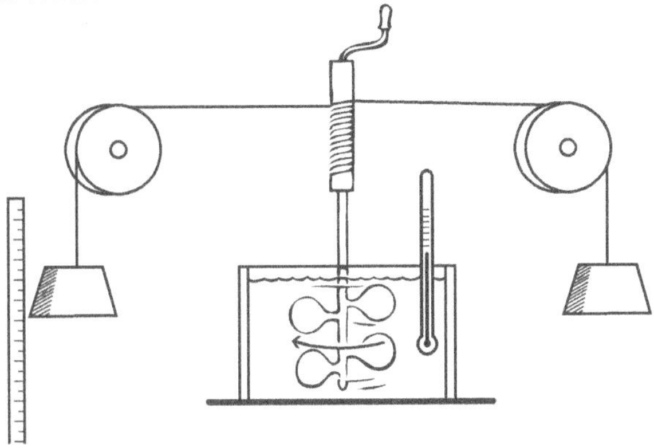

Figura 20

1º) A quantidade de calor produzida pelo atrito de corpos, sejam líquidos ou sólidos, é sempre proporcional à quantidade de força (por força, Joule quer dizer energia) despendida.

2º) A quantidade de calor capaz de fazer aumentar em 1°F a temperatura de uma libra de água pesada no vácuo e considerada entre 55° e 60° exige para sua evolução o dispêndio de uma força (energia) mecânica representada pela queda de 772 libras da altura de um pé.

Em outras palavras, a energia potencial de 772 libras elevadas a um pé de altura do solo é equivalente à quantidade de calor necessária para fazer aumentar a temperatura de uma libra de água de 55°F para 56°F. Experiências posteriores revelaram precisão algo maior, mas o equivalente do calor é, essencialmente, o que Joule encontrou em seu trabalho pioneiro.

Uma vez realizado esse importante trabalho, o progresso ulterior foi rápido. Cedo se reconheceu que esses dois tipos de energia, mecânica e calorífica, são apenas duas de suas muitas formas. Tudo o que possa ser convertido em qualquer delas é também uma forma de energia. A radiação do Sol é energia, porquanto uma parte dela é transformada em calor na Terra. Uma corrente elétrica possui energia, pois aquece os fios e faz girar as rodas de um motor. O carvão representa energia química, liberada como calor quando o carvão é queimado. Em todo acontecimento da natureza uma forma de energia está sendo convertida em outra, sempre em alguma razão de transformação bem definida. Em um sistema fechado, um sistema isolado de influências externas, a energia é conservada e, assim, comporta-se como uma substância. A soma de todas as formas possíveis de energia em tal sistema é constante, embora a quantidade de qualquer das formas possa estar sendo transformada. Se considerarmos o Universo inteiro como um sistema fechado poderemos orgulhosamente anunciar com os físicos do século XIX que a energia do universo é invariável, que nenhuma parte dela pode ser jamais criada ou destruída.

Os nossos dois conceitos de substância são, portanto, *matéria* e *energia*. Ambos obedecem à lei da conservação: um sistema isolado não pode alterar-se, seja em massa, seja em energia total. A matéria tem peso mas a energia não. Temos, portanto, dois conceitos diferentes e duas leis de conservação. Deverão essas ideias ser ainda mais levadas a sério? Ou terá esse quadro aparentemente bem fundamentado sido alterado à luz de novos acontecimentos? Ele foi alterado! As alterações ulteriores dos dois conceitos estão relacionadas com a teoria da relatividade. Voltaremos a esse ponto adiante.

9
As bases filosóficas

Os resultados das pesquisas científicas forçam frequentemente uma alteração do ponto de vista filosófico sobre problemas que vão muito mais além da própria ciência. Qual o objetivo da ciência? Que é exigido de uma teoria que tenta descrever a natureza? Essas questões, conquanto ultrapassem as fronteiras da física, estão intimamente a ela ligadas, porquanto a ciência forma o terreno do qual elas surgem. As generalizações filosóficas devem ser baseadas em resultados científicos. Uma vez formados e amplamente aceitos, contudo, eles com muita frequência influem sobre o ulterior desenvolvimento do pensamento científico por indicar uma das muitas linhas possíveis de procedimento. A revolta vitoriosa contra os pontos de vista aceitos resulta em acontecimentos inesperados e completamente diferentes, tornando-se uma fonte de novos aspectos filosóficos. Essas observações soam necessariamente vagas e sem objetivo, enquanto não são ilustradas por exemplos retirados da história da física.

Tentaremos descrever aqui as primeiras ideias filosóficas sobre o objetivo da ciência. Essas ideias influíram grandemente sobre o desenvolvimento da física até aproximadamente há 100 anos, quando sua rejeição foi forçada por novas evidências, novos fatos e teorias novas, os quais formaram, por sua vez, novas bases para a ciência.

Em toda a história da ciência, desde a filosofia grega até à física moderna, verificaram-se tentativas constantes de reduzir a aparente complexidade dos fenômenos naturais a algumas ideias e relações fundamentais simples. Esse é o princípio subjacente de toda filosofia natural. Está expresso até no trabalho dos atomistas. Há 23 séculos, Demócrito escreveu:

> Por convenção doce é doce, por convenção amargo é amargo, por convenção quente é quente, por convenção frio é frio, por convenção cor é cor. Mas na realidade o que há são átomos e o vazio. Isto é, os objetos dos sentidos supõem-se reais, sendo costume considerá-los como tal, mas na verdade eles não o são. Apenas os átomos e o vazio são reais.

A ideia é, na filosofia antiga, nada mais do que uma engenhosa ficção da imaginação. As leis da natureza relacionando entre si os acontecimentos subsequentes eram desconhecidas pelos gregos. A ciência que faz a conexão da teoria com a experiência começou realmente com o trabalho de Galileu. Seguimos as pistas iniciais conducentes às leis do movimento. Durante 200 anos de pesquisas científicas força e matéria foram os conceitos básicos de todos os esforços para compreender a natureza. É impossível imaginar-se uma sem a outra, porque a matéria demonstra a sua existência como uma fonte de força por sua ação sobre outra matéria.

Consideremos o exemplo mais simples: duas partículas com forças atuando entre elas. As forças mais fáceis de se imaginar são as de atração e repulsão. Em ambos os casos os vetores de força estão sobre a linha que conecta os pontos materiais. A exigência de simplicidade conduz ao quadro de duas partículas se atraindo ou repelindo; qualquer outra suposição sobre a direção das forças atuantes daria um quadro muito mais complicado. Poderemos fazer uma suposição igualmente simples sobre o comprimento dos vetores de força? Mesmo que queiramos evitar suposições por demais especiais, ainda poderemos dizer uma coisa: a força entre duas partículas dadas quaisquer depende somente da distância entre elas, como as forças gravitacionais. Parece bastante simples. Poderiam ser imaginadas forças muito mais complicadas, como as que podem depender não apenas da distância mas também das velocidades das duas partículas. Tendo por conceitos fundamentais a matéria e a força, dificilmente podemos imaginar suposições mais simples do que a de que as forças agem ao longo da linha que liga as partículas e dependem exclusivamente da distância. Mas será possível descrever todos os fenômenos físicos somente por meio de forças desse tipo?

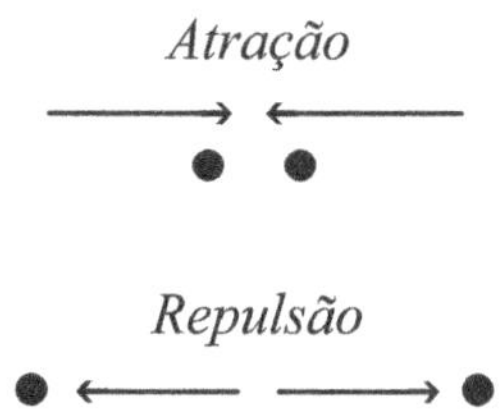

Figura 21

As grandes realizações da mecânica em todos os seus ramos, seu êxito impressionante no desenvolvimento da astronomia, a aplicação de suas ideias a problemas aparentemente diferentes e destituídos de caráter mecânico, tudo isso contribuiu para a crença de que é possível descrever todos os fenômenos naturais em termos de forças entre objetos inalteráveis. Durante 200 anos depois da época de Galileu, tal esforço, consciente ou inconsciente, é aparente em quase toda criação científica. Isso foi claramente formulado por Helmholtz mais ou menos em meados do século XIX:

> Finalmente, portanto, descobrimos que o problema da ciência física material é referir os fenômenos naturais às forças atrativas e repulsi-

> vas imutáveis cuja intensidade depende inteiramente da distância. A solubilidade desse problema é a condição da completa compreensibilidade da natureza.

Assim, de acordo com Helmholtz, a linha do desenvolvimento da ciência é determinada e segue estritamente um curso fixo: "E seu mister será terminado assim que a redução dos fenômenos naturais a forças simples estiver concluída e tiver sido dada a prova de que essa é a única redução de que os fenômenos são capazes."

Esse ponto de vista parece tolo e ingênuo a um físico do século XX. Seria assustador pensar que a grande aventura da pesquisa poderia ser cedo concluída, sendo para sempre estabelecido um quadro não motivador, porque infalível, do Universo.

Embora essas doutrinas reduzissem a descrição de todos os acontecimentos a forças simples, deixam levantada a questão sobre como as forças podem depender da distância. É possível que essa dependência seja diferente para fenômenos diferentes. A necessidade de introduzir muitos tipos diferentes de força para acontecimentos diferentes é certamente insatisfatória do ponto de vista filosófico. Não obstante, esse chamado *conceito mecânico,* muito claramente formulado por Helmholtz, desempenhou papel importante em sua época. O desenvolvimento da teoria cinética da matéria é uma das maiores realizações diretamente influenciadas pelo conceito mecânico.

Antes de testemunhar o seu declínio, aceitemos provisoriamente o ponto de vista mantido pelos físicos do século passado e vejamos que conclusões tirar de seu quadro do mundo exterior.

10

Teoria cinética da matéria

Será possível explicar os fenômenos do calor em termos dos movimentos de partículas que interagem através de forças simples? Um vaso fechado contém uma certa massa de gás de ar, por exemplo – a uma certa temperatura. Elevamos a temperatura pelo aquecimento e, assim, aumentamos a energia. Mas como estará esse calor relacionado com o movimento? A possibilidade de tal conexão é sugerida tanto por nosso ponto de vista filosófico provisoriamente aceito como pela maneira pela qual o calor é gerado pelo movimento. O calor deve ser uma energia se todo problema for mecânico. O objetivo da *teoria cinética* é apresentar o conceito de matéria precisamente dessa maneira. De acordo com essa teoria, um gás é uma congregação de um número enorme de partículas, ou *moléculas,* movendo-se em todas as direções, colidindo umas com as outras e mudando de direção de movimento a cada colisão. Deve haver uma velocidade média das moléculas, assim como em uma grande comunidade humana há uma idade média ou uma riqueza média. Haverá, portanto, uma energia cinética média por partícula. Mais calor no vaso significa uma energia cinética média maior. Assim, o calor não é, de acordo com esse quadro, uma forma especial de energia, diferente da energia mecânica, sendo apenas a energia cinética do movimento molecular. A cada temperatura definida corresponde uma energia cinética definida por molécula. Não se trata, na verdade, de uma suposição arbitrária. Somos forçados a considerar a energia cinética de uma molécula como uma medida da temperatura do gás, caso desejemos formar um quadro mecânico consistente da matéria.

Essa teoria é mais que um exercício de imaginação. Pode ser demonstrado que a teoria cinética dos gases está não apenas em harmonia com a experiência, como também conduz a uma compreensão mais profunda dos fatos. Isso pode ser ilustrado por alguns exemplos.

Temos um vaso fechado por um êmbolo que pode deslocar-se livremente. O vaso contém uma certa quantidade de gás que deverá ser mantida a uma temperatura constante. Se o êmbolo estiver inicialmente em repouso em alguma posição, poderá ser movido para cima retirando-se peso, ou para baixo acrescentando-se peso. Para empurrar o êmbolo para baixo deve ser empregada força agindo contra a pressão interna do gás. Qual é o mecanismo dessa pressão interna, de acordo com a teoria cinética? Um número tremendo de partículas que constituem o gás estão se movendo em todas as direções. Bombardeiam as paredes do vaso e o êmbolo, ricocheteando como bolas lançadas contra uma parede. Esse bombardeio contínuo por um grande número de partículas mantém o êmbolo a uma certa altura por se opor à força da gravidade que age de cima para baixo sobre o êmbolo e os pesos. Em uma direção, age uma força gravitacional constante; na outra, muitíssimos impactos irregulares das moléculas. O efeito líquido de todas essas pequenas forças irregulares sobre o êmbolo deve ser igual ao da força da gravidade, para que haja equilíbrio.

Suponha-se que o êmbolo tenha sido empurrado para baixo de modo a comprimir o gás até uma fração de seu volume anterior, digamos, à metade, sendo a sua temperatura mantida inalterada. Que poderemos esperar que aconteça, de acordo com a teoria cinética? Será a força decorrente do bombardeio mais eficiente ou menos eficiente do que antes? As partículas estão agora mais compactamente reunidas. Embora a energia cinética média seja ainda a mesma, as colisões das partículas com o êmbolo correrão agora mais frequentemente, e, assim, a força total será maior. É claro, a julgar por esse quadro apresentado pela teoria cinética, que, para que o êmbolo seja mantido nessa posição mais baixa, será necessário mais peso. Esse fato experimental simples é bem conhecido, mas sua predição segue-se logicamente do conceito cinético de matéria.

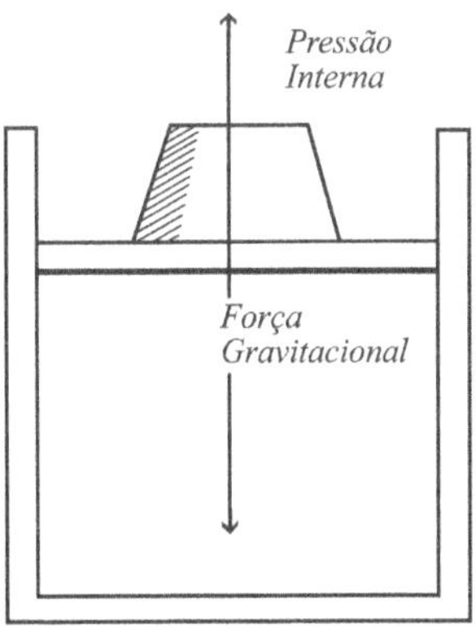

Figura 22

Considere-se outro arranjo experimental. Tomem-se dois vasos contendo volumes iguais de gases diferentes, digamos hidrogênio e nitrogênio, ambos a uma mesma temperatura. Admita-se que os dois vasos são fechados por êmbolos idênticos, sobre os quais estão pesos idênticos. Isso significa, sucintamente, que ambos os gases têm o mesmo volume, a mesma temperatura e a mesma pressão. Como a temperatura é igual; também o é, de acordo com a teoria, a energia cinética média por partícula. Como as pressões são iguais, os dois êmbolos são bombardeados pela mesma força total. Em média, toda a partícula porta a mesma energia e ambos os vasos têm o mesmo volume. Portanto, *o número de moléculas em ambos deve ser igual,* embora os gases sejam quimicamente diferentes. Esse resultado é muito importante para a compreensão de muitos fenômenos químicos. Significa que o número de moléculas em um dado volume e a uma certa temperatura e pressão é algo que é característico, não de um determinado gás, mas de todos os gases. É muito surpreendente que a teoria cinética não apenas prognostique a existência de tal número universal, mas também nos possibilite determiná-lo. Voltaremos a esse ponto muito breve.

A teoria cinética da matéria explica tanto quantitativa como qualitativamente as leis dos gases segundo determinadas pela experiência. Mais ainda, a teoria não está restrita aos gases, embora seu maior sucesso tenha sido alcançado nesse domínio.

Um gás pode ser liquefeito por meio de um decréscimo de temperatura. Uma queda na temperatura da matéria significa um decréscimo na energia cinética média de suas partículas. É, portanto, claro que a energia cinética média de uma partícula de líquido é menor do que a de uma partícula de gás correspondente.

Uma surpreendente manifestação do movimento de partículas nos líquidos foi oferecida pela primeira vez pelo chamado *movimento browniano*, um fenômeno notável que teria permanecido misterioso e incompreensível não fosse a teoria cinética da matéria. Foi pela primeira vez observado pelo botânico Brown e explicado 80 anos depois, no começo do século XX. O único aparelho necessário para se observar o movimento browniano é um microscópio, o qual não precisa sequer ser especialmente bom.

Brown estava trabalhando com grãos de pólen de certas plantas, isto é: "partículas ou grânulos de tamanho invulgarmente grande, variando entre quatro milésimos e aproximadamente cinco milésimos de polegada de comprimento". Ele relata ainda:

> Ao examinar a forma dessas partículas imersas em água, observei muitas delas evidentemente em movimento. ... Esses movimentos

> eram tais que me convenceram, após observação frequentemente repetida, de que não se originavam nem de uma corrente no fluido nem de sua evaporação gradual, mas pertencia à própria partícula.

O que Brown observou foi a agitação constante dos grânulos quando em suspensão na água e visíveis através de um microscópio. É uma visão impressionante!

Será a escolha de plantas especiais essencial ao fenômeno? Brown respondeu a essa pergunta pela repetição da experiência com muitas plantas diferentes, e constatou que todos os grânulos, caso suficientemente pequenos, apresentavam tal movimento quando em suspensão na água. Mais ainda, testemunhou o mesmo tipo de movimento irrequieto e irregular em partículas muito pequenas tanto de substâncias inorgânicas como de substâncias orgânicas. Até mesmo com um fragmento pulverizado de um esfingídeo* ele observou o mesmo fenômeno!

Como poderá ser explicado esse movimento? Parece contraditório de toda experiência anterior. O exame de uma partícula em suspensão, digamos, a cada 30 segundos, revela a forma fantástica de sua trajetória. Coisa de pasmar é o caráter aparentemente eterno do movimento. Um pêndulo colocado na água chega ao repouso caso não seja impelido por alguma força externa. A existência de um movimento que nunca diminui parece contrária a toda experiência. Essa dificuldade foi esplendidamente esclarecida pela teoria cinética da matéria.

Observando a água até mesmo através do mais poderoso microscópio, não podemos ver as moléculas e seu movimento segundo descrito pela teoria cinética da matéria. Deve concluir-se que, se a teoria da água como uma congregação de partículas for correta, o tamanho das partículas deverá estar fora do alcance da visibilidade dos melhores microscópios. Não obstante, nós nos ateremos à teoria e admitiremos que represente um quadro constante da realidade. As partículas brownianas visíveis através de um microscópio são bombardeadas pelas partículas menores que compõem a própria água. O movimento browniano existe se as partículas bombardeadas são

* Espécime de família de mariposas de corpo cilindro-cônico, denominada família dos Esfíngidas. (N. T.)

suficientemente pequenas. Existe porque esse bombardeio não é uniforme de todos os lados e não pode ter a sua média determinada, por causa de seu caráter irregular e acidental. O movimento observado é, assim, o resultado do movimento inobservável. O comportamento das partículas grandes reflete, de algum modo, o das moléculas, constituindo, por assim dizer, tão grande ampliação que se torna visível em um microscópio. O caráter irregular e acidental da trajetória das partículas brownianas reflete uma irregularidade semelhante da trajetória das partículas menores que constituem a matéria. Podemos compreender, portanto, que um estudo quantitativo do movimento browniano nos pode dar uma perscrutação mais profunda da teoria cinética da matéria. Vê-se que o movimento browniano visível depende do tamanho das moléculas invisíveis bombardeadoras. Não haveria o movimento browniano se as moléculas bombardeadoras não possuíssem certa quantidade de energia ou, em outras palavras, se não tivessem massa e velocidade. Não é, portanto, surpreendente que o estudo do movimento browniano possa levar a uma determinação da massa de uma molécula.

As particularidades quantitativas da teoria cinética foram formadas por meio de laboriosa pesquisa, tanto teórica como experimental. A pista que se originou no movimento browniano foi uma das que conduzem aos dados quantitativos. Os mesmos dados podem ser obtidos de modos diferentes, partindo de pistas muito diferentes. O fato de todos esses métodos apoiarem o mesmo ponto de vista é importantíssimo, pois demonstra a consistência interna da teoria cinética da matéria.

Somente um dos muitos resultados quantitativos alcançados pela existência e pela teoria será aqui mencionado. Suponha-se que tenhamos um grama do mais leve de todos os elementos, o hidrogênio, e perguntamos: quantas partículas há neste grama? A resposta caracterizará não apenas o hidrogênio, mas também todos os outros gases, porque já sabemos sob quais condições dois gases têm o mesmo número de partículas.

A teoria nos permite responder a essa questão graças a certas medições do movimento browniano de uma partícula em suspensão. A resposta é um número surpreendentemente grande:

303 seguido de 21 zeros! O número de moléculas em um grama de hidrogênio é:

303.000.000.000.000.000.000.000

Imaginem-se as moléculas de um grama de hidrogênio tão aumentadas que se tornem visíveis através de um microscópio, digamos que o diâmetro de cada uma se torna igual a cinco milésimos de polegada, como o de uma partícula browniana. Para juntá-las umas às outras teríamos de usar uma caixa cujo lado tivesse aproximadamente 400 metros de comprimento!

Podemos calcular facilmente a massa de tal molécula de hidrogênio dividindo a unidade pelo número acima citado. A resposta é um número fantasticamente pequeno:

0,000.000.000.000.000.000.000.0033 gramas,

representando a massa de uma molécula de hidrogênio.

As experiências com o movimento browniano são apenas algumas das muitas experiências independentes que conduzem à determinação desse número que desempenha papel tão importante em física.

Vemos, na teoria cinética da matéria e em todas as suas realizações importantes, a realização do programa filosófico geral: reduzir a explicação de todos os fenômenos à interação entre partículas de matéria.

Resumindo

Em mecânica, a trajetória de um corpo em movimento pode ser predita, e seu passado revelado, caso sejam conhecidas sua condição atual e as forças que agem sobre ele. Assim, por exemplo, as trajetórias futuras de todos os planetas podem ser previstas. As forças ativas são as forças gravitacionais de Newton, que dependem somente da distância. Os grandes resultados da mecânica clássica sugerem que o conceito mecânico pode ser consistentemente aplicado a todos os ramos da física, que todos os fenômenos podem ser aplicados pela ação das forças que representam a atração ou a repulsão, dependendo somente da distância e atuando entre partículas imutáveis.

Na teoria cinética da matéria vemos como esse conceito, emanando de problemas mecânicos, abrange os fenômenos do calor e conduz a um quadro, coroado de êxito, da estrutura da matéria.

PARTE II

O declínio do conceito mecânico

1
Os dois fluidos elétricos

As páginas que se seguem contêm um relato singelo de algumas experiências simples. A apresentação será cansativa não apenas porque a descrição das experiências é desinteressante em comparação com sua realização real, mas também porque o significado dessas experiências não se torna visível enquanto a teoria não faz com que o sejam. O nosso propósito é fornecer um exemplo impressionante do papel da teoria na física.

1. Uma barra de metal é apoiada por uma base de vidro e cada uma das extremidades dessa barra é conectada, por meio de um fio, a um eletroscópio. Que é um eletroscópio? É um aparelho simples consistindo essencialmente de duas lâminas de ouro penduradas na extremidade de um pequeno pedaço de metal. Esse pedaço de metal é contido encerrado em um jarro ou frasco de vidro e o metal está em contato somente com corpos não metálicos, chamados isoladores. Além do eletroscópio e da barra de metal, estamos equipados com um bastão de borracha dura e um pedaço de flanela.

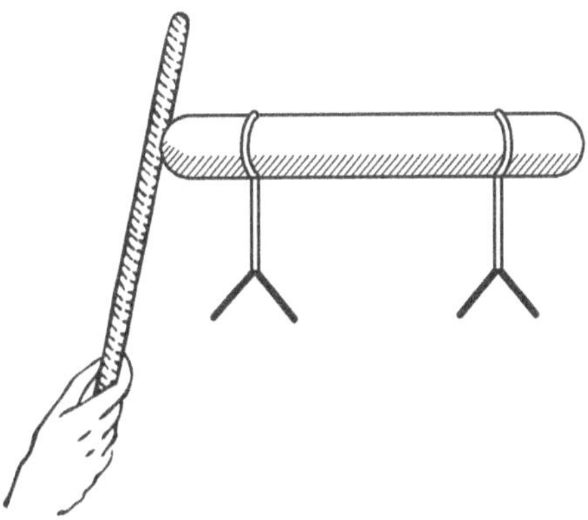

Figura 23

A experiência é feita do seguinte modo: olhamos para ver se as lâminas estão encostadas uma na outra, pendentes, pois essa é a sua posição normal. Se por acaso não o estiverem, um toque com o dedo no bastão de metal fará com que novamente se juntem. Dados esses passos preliminares, o bastão de borracha é atritado vigorosamente com a flanela e posto em contato com o metal. As lâminas se separam imediatamente! Permanecem juntas até mesmo depois de o bastão ter sido afastado.

2. Fazemos outra experiência usando o mesmo aparato, começando, novamente, com as lâminas unidas, pendentes. Desta vez, não colocamos o bastão de borracha em contato com o metal, apenas aproximando-o dele. Novamente as lâminas se separam. Mas há uma diferença! Quando o bastão é afastado sem tocar o metal, as lâminas caem imediatamente para a sua posição normal, em vez de permanecer separadas.

3. Alteremos ligeiramente o aparato para uma terceira experiência. Suponha-se que a barra de metal consista de duas peças unidas. Atritamos o bastão de borracha com a flanela e novamente o aproximamos do metal. O mesmo fenômeno ocorre – as lâminas se separam. Mas agora separemos a barra de metal em suas duas partes distintas, afastando depois o bastão de borracha. Observamos que, neste caso, as folhas continuam separadas, em vez de voltarem à sua posição normal como na segunda experiência.

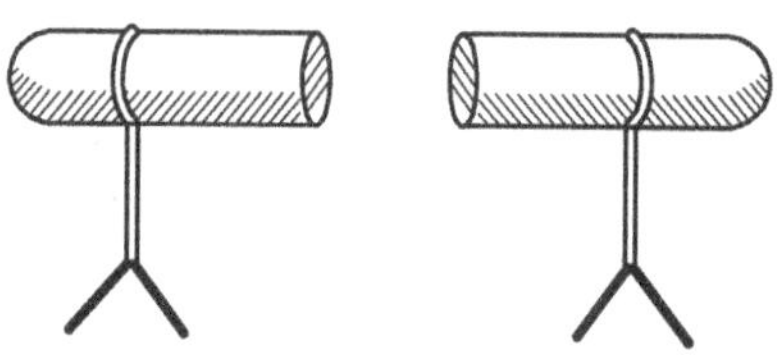

Figura 24

É difícil provocar interesse entusiástico por essas experiências simples e singelas. Na Idade Média, aquele que a realizasse seria provavelmente condenado; a nós, elas "nos parecem tolas e ilógicas". Seria muito difícil repeti-las, após a leitura do relato, sem se ficar confuso. Alguma noção da teoria as torna compreensíveis. Poderíamos dizer mais: dificilmente se poderia imaginar tais experiências realizadas como um divertimento acidental, sem a existência prévia de ideias mais ou menos definidas sobre o seu significado.

Apresentaremos agora as ideias que baseiam uma teoria simples e singela que explica todos os fatos descritos.

Existem dois *fluidos elétricos,* um chamado *positivo* (+) e outro *negativo* (–). São algo semelhantes à substância, no sentido já explicado, pelo fato de a quantidade poder ser aumentada ou diminuída, mas o total é preservado em qualquer sistema isolado. Há, contudo, uma diferença essencial entre esse caso e o do calor, matéria ou energia. Temos duas substâncias elétricas. É impossível usar aqui a analogia anterior com o dinheiro, a menos que seja algo generalizada. Um corpo é eletricamente neutro *se* os fluidos elétricos positivo e negativo se anulam exatamente. Um homem nada tem pelo fato de realmente não ter nada ou porque a quantidade de dinheiro guardada em seu cofre é exatamente igual à soma de suas dívidas. Podemos comparar os assentamentos de débito e crédito em seu livro razão aos dois tipos de fluido elétrico.

A próxima suposição da teoria é a de que dois fluidos do mesmo tipo se repelem, enquanto os de tipos opostos se atraem. Isso pode ser graficamente representado da maneira demonstrada na página seguinte.

É necessária uma suposição teórica final: há dois tipos de corpos, aqueles nos quais os fluidos se podem deslocar livremente, chamados *condutores*, e aqueles nos quais não conseguem fazê-lo, chamados *isolantes.* Como se verifica "em todos os casos do gênero, essa divisão não deve ser levada muito a sério. O condutor ou isolador ideal é uma ficção que jamais poderá ser real. Os metais, a Terra, o corpo humano são exemplos de condutores, embora não igualmente bons. O vidro, a borracha, a porcelana e outros semelhantes são isoladores. O ar é apenas parcialmente um isolador, como sabem todos aqueles que já viram a experiência descrita. É sempre uma boa desculpa atribuir-se os maus resultados das experiências eletrostáticas à umidade do ar, que aumenta a sua condutibilidade.

Essas suposições teóricas são suficientes para explicar as três experiências descritas. Iremos discuti-las uma vez mais, na mesma ordem, mas à luz da teoria dos fluidos elétricos.

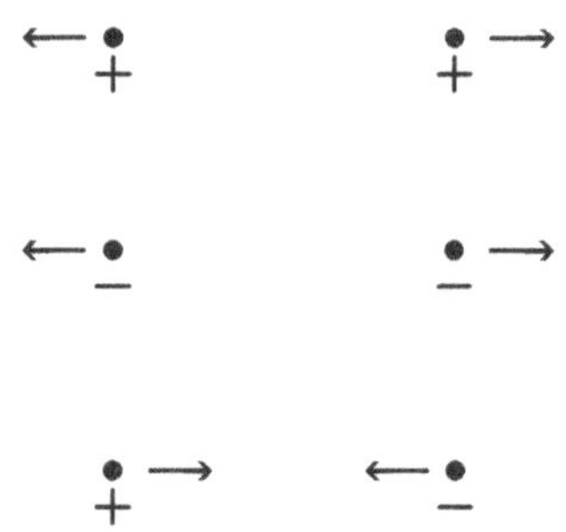

Figura 25

1. O bastão de borracha, como todos os outros corpos sob condições normais, é eletricamente neutro. Contém os dois fluidos, positivo e negativo, em quantidades iguais. Atritando-o com a flanela, nós o separamos. Essa declaração é pura convenção, pois é a aplicação da terminologia criada pela teoria à descrição do processo de atritar. O tipo de eletricidade que o bastão tem depois em excesso é chamado negativo, nome que é, certamente, uma questão de convenção. Se a experiência tivesse sido feita com um bastão de vidro atritado com uma pele de gato, teríamos de chamar ao excesso positivo, para estarmos em conformidade com a convenção aceita. A fim de prosseguir com a experiência, levamos fluido elétrico ao condutor elétrico tocando-o com a borracha. Aí, ele se move livremente, espalhando-se por todo o metal e, inclusive, pelas lâminas de ouro. Como a ação do negativo sobre o negativo é a repulsão, as duas lâminas tentam afastar-se ao máximo uma da outra, e o resultado é a separação observada. O metal repousa sobre vidro ou algum outro isolante, de modo que o fluido permanece no condutor enquanto a condutibilidade do ar o permite. Entendemos agora por que temos de tocar o metal antes de iniciar a experiência. Neste caso, o metal, o corpo humano e a Terra formam um grande condutor, sendo o fluido elétrico por tal forma diluído que praticamente nada resta do eletroscópio.

2. A experiência começa exatamente da mesma forma que a anterior. Mas, em vez de permitir que a borracha toque o metal, permite-se apenas que chegue perto dele. Os dois fluidos do condutor, em liberdade para se deslocarem, são separados, sendo um atraído e o

outro repelido. Novamente se misturam quando a borracha é removida, porquanto os fluidos de tipos opostos se atraem.

3. Agora, separamos o metal em duas partes e depois removemos o bastão. Neste caso, os dois fluidos não se podem misturar, de modo que as lâminas de ouro retêm um excesso de um fluido elétrico e permanecem separadas.

À luz dessa teoria simples, todos os fatos aqui mencionados parecem compreensíveis. A mesma teoria faz ainda mais, permitindo-nos compreender não apenas esses fatos, mas muitos outros do reino da "eletrostática". O objetivo de toda teoria é conduzir-nos a novos fatos, sugerir novas experiências e levar à descoberta de novos fenômenos e novas leis. Um exemplo tornará isso claro. Imagine-se uma alteração na segunda experiência. Suponha-se que eu mantenho o bastão de borracha perto do metal e, ao mesmo tempo, toco o condutor com o dedo. Que acontecerá agora? A teoria responde: o fluido repelido (–) pode agora escapar através do meu corpo, resultando disso que permanece apenas um fluido, o positivo.

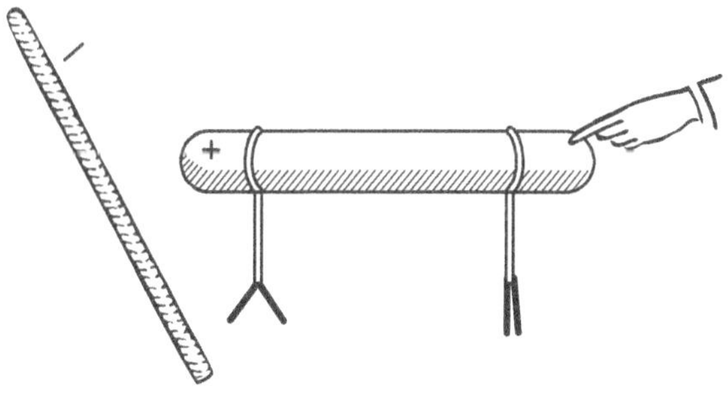

Figura 26

Somente as lâminas do eletroscópio próximas da borracha continuarão separadas. Uma experiência real confirma a predição.

A teoria com que estamos lidando é certamente simples e inadequada do ponto de vista da física moderna. Não obstante, é um bom exemplo que mostra as particularidades características de toda teoria física.

Não há teorias eternas em ciência. Sempre acontece que alguns dos fatos preditos pela teoria são desaprovados pela experiência. Toda teoria tem o seu período de desenvolvimento gradativo e triunfo, após o qual poderá sofrer rápido declínio. A ascensão e a queda da teoria da substância do calor, já discutidas aqui, é um dos muitos exemplos possíveis. Outros, mais profundos e importantes, serão discutidos depois. Quase todo avanço da ciência surge de uma crise da velha teoria, através de um esforço para encontrar uma saída das dificuldades criadas. Devemos examinar as velhas ideias, as velhas teorias, embora pertençam ao passado, pois esse é o único meio de compreender a importância das ideias e teorias novas, bem como a extensão de sua validez.

Nas primeiras páginas deste livro, comparamos o papel de um pesquisador ao de um detetive que, após coligir os fatos necessários, encontra a solução certa por meio do pensamento puro. Essa comparação deve ser considerada altamente superficial em um ponto essencial. Tanto na vida real como nos contos policiais, o crime é dado. O detetive deve buscar cartas, impressões digitais, balas, armas, porém pelo menos ele sabe que foi cometido um homicídio. O mesmo não se dá com a ciência. Não deve ser difícil imaginar-se alguém que não saiba absolutamente nada de eletricidade, porquanto os antigos viveram bastante felizes sem qualquer conhecimento dela. Admitamos sejam dados, a esse homem, metal, lâmina delgada de ouro, garrafas, borracha dura, flanela, em suma, todo o material necessário para a realização de nossas três experiências. Poderá tratar-se de pessoa de grande cultura, mas provavelmente colocará vinho nas garrafas, usará a flanela para a limpeza, e nem uma só vez alimentará a ideia de fazer as coisas que descrevemos. Para o detetive, o crime é dado e o problema formulado: quem matou Cock Robbin? O cientista deve, pelo menos em parte, cometer o seu próprio crime, bem como realizar a investigação. Mais ainda, sua tarefa não consiste em explicar apenas um caso, mas todos os fenômenos que Ocorreram ou ainda poderão ocorrer.

Na introdução do conceito desses fluidos vemos a influência das ideias mecânicas que tentam explicar tudo pelas substâncias e pelas forças simples, agindo entre elas. Para ver se o ponto de vista mecânico pode ser aplicado à descrição dos fenômenos elétricos, devemos considerar o seguinte problema. São dadas duas esferas pequenas, ambas com uma carga elétrica, isto é, ambas portando um excesso de um fluido elétrico. Sabemos que as esferas se atrairão ou se repelirão mutuamente. Mas a força dependerá somente da distância, e, se assim, como? A suposição mais simples parece ser a de que essa força depende da distância da mesma maneira que a força gravitacional, que diminui, digamos, para um nodo de sua intensidade anterior se a distância é tornada três vezes maior. As experiências feitas por Coulomb mostraram que essa lei é realmente válida. Cem anos depois de Newton ter descoberto a lei gravitacional, Coulomb encontrou uma dependência similar entre a força elétrica e a distância. As duas diferenças principais entre a lei de Newton e a lei de Coulomb são: a atração gravitacional está sempre presente, enquanto as forças elétricas só existem se os corpos possuem cargas elétricas. No caso gravitacional, há apenas a atração, mas as forças elétricas podem atrair ou repelir.

Surge aqui a mesma questão que consideramos em conexão com o calor. Serão ou não os fluidos elétricos substâncias sem peso? As nossas balanças não mostram diferença alguma. Concluímos que os fluidos elétricos são também membros da família de substâncias sem peso.

Para que haja mais progresso na teoria da eletricidade é necessária a introdução de dois novos conceitos. Evitaremos novamente as definições rigorosas, usando, antes, analogias com conceitos já familiares. Estamos lembrados de como foi essencial para a compreensão dos fenômenos do calor distinguir entre calor em si e temperatura. É igualmente importante, aqui, distinguir entre potencial elétrico e carga elétrica. A diferença entre os dois conceitos é esclarecida pela analogia:

Potencial elétrico – Temperatura
Carga elétrica – Calor

Dois condutores – por exemplo, duas esferas de tamanhos diferentes – podem ter a mesma carga elétrica, isto é, o mesmo excesso de um fluido elétrico, mas o potencial será diferente nos dois casos, sendo mais elevado para a esfera menor e mais baixo para a maior. O fluido elétrico terá maior densidade, sendo, assim, mais comprimida no condutor menor. Como as forças de repulsão devem aumentar com a densidade, a tendência da carga para escapar será maior no caso da esfera menor do que no da maior. Essa tendência da carga para escapar de um condutor é uma medida direta de seu potencial. Para mostrar claramente a diferença entre carga e potencial formulamos algumas sentenças descrevendo o comportamento dos corpos aquecidos, e as sentenças correspondentes relativas aos condutores carregados.

Calor	Eletricidade
Dois corpos, inicialmente com temperaturas diferentes, adquirem a mesma temperatura após algum tempo caso postos em contato.	Dois condutores isolados, inicialmente com potenciais elétricos diferentes, atingem mais rapidamente o mesmo potencial caso postos em contato.
Quantidades, iguais de calor produzem cargas de temperatura diferentes em dois corpos se suas capacidades caloríficas forem diferentes.	Quantidades iguais de calor produzem cargas diferentes de potencial elétrico em dois corpos se suas capacidades elétricas forem diferentes.
Um termômetro em contato com um corpo indica – pelo comprimento de sua coluna de mercúrio – sua própria temperatura, e, portanto, a temperatura do corpo.	Um eletroscópio em contato com um condutor indica – pela separação das lâminas de mercúrio seu próprio potencial elétrico, e, portanto, o potencial elétrico do condutor..

Mas essa analogia não deve ser levada muito longe. Um exemplo mostra tanto as diferenças como as similaridades. Se um corpo quente é posto em contato com um corpo frio, o calor flui do mais quente para o mais frio. Por outro lado, suponha-se que temos dois condutores isolados com cargas iguais mas opostas, uma positiva e outra negativa. Por convenção, consideramos o potencial correspondente a uma carga negativa como mais baixo do que o correspondente a uma carga positiva. Se os dois condutores são postos em contato um com o outro ou ligados por meio de um fio, segue-se da teoria dos fluidos elétricos que eles não apresentarão carga alguma e, portanto, diferença de potencial alguma. Devemos imaginar um "fluxo" de carga elétrica de um dos condutores para o outro durante um curto tempo em que a diferença de potencial é igualada. Mas como? O fluido positivo fluirá para o corpo negativo, ou o fluido negativo fluirá para o corpo positivo.

Não temos, no material aqui apresentado, base alguma para decidir entre essas duas alternativas. Podemos admitir qualquer das duas possibilidades, ou que o fluxo seja simultâneo em ambas as direções. É apenas uma questão de adotar uma convenção, não podendo ser atribuída significação alguma à escolha, pois não sabemos de método algum para decidir a questão experimentalmente. O desenvolvimento ulterior, tendo conduzido a uma teoria da eletricidade muito mais profunda, deu uma resposta a esse problema, que é bastante sem sentido quando formulado em termos da simples e primitiva teoria dos fluidos elétricos. Aqui, simplesmente adotaremos o seguinte modo de expressar. O fluido elétrico flui do condutor de mais alto potencial para o de mais baixo potencial. No caso de nossos dois condutores, a eletricidade flui portanto do positivo para o negativo. Essa expressão é apenas uma questão de convenção, sendo, a esta altura, bastante arbitrária. Toda a dificuldade indica que a analogia entre calor e eletricidade não é de modo algum completa.

Figura 27

Vimos a possibilidade de adaptar o conceito mecânico a uma descrição dos fatos elementares da eletrostática. O mesmo é possível no caso dos fenômenos magnéticos.

2
Os fluidos magnéticos

Procederemos aqui de maneira idêntica à anterior, começando com fatos muito simples e buscando depois sua explicação teórica.

1. Temos dois ímãs em barra, longos, um suspenso livremente pelo centro e outro retido na mão. As extremidades dos dois ímãs são aproximadas de tal modo que se nota uma forte atração entre elas. Isso pode sempre ser feito. Se não resultar atração alguma, devemos virar o ímã que está na mão tentando com sua outra extremidade. Algo acontecerá se as barras estiverem imantadas. As extremidades dos ímãs são chamadas *polos*. Para continuar com a experiência, movemos o polo do ímã que está na mão ao longo do outro ímã. É notado um decréscimo na atração e, quando o polo atinge o meio do ímã suspenso, não há indício de força alguma. Se o polo continuar sendo deslocado na mesma direção, será observada uma repulsão que atinge a sua maior intensidade no segundo polo do ímã suspenso.

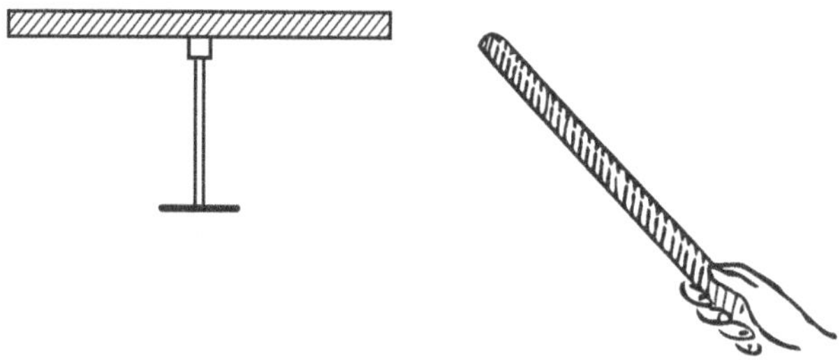

Figura 28

2. A experiência sugere outra. Cada ímã tem dois polos. Não poderemos isolar um deles? A ideia é muito simples: apenas quebrar o ímã em partes iguais. Vimos que não há força alguma entre o polo de um ímã e o meio do outro. Mas o resultado de se partir realmente um ímã é surpreendente e inesperado. Se repetirmos a experiência descrita no item 1, com apenas meio ímã suspenso, os resultados serão exatamente os mesmos que antes! Onde não havia traço algum de força magnética há agora um polo muito forte.

Como se explicam esses fatos? Podemos tentar moldar uma teoria do magnetismo baseada na teoria dos fluidos elétricos. Isso é sugerido pelo fato de que aqui, como nos fenômenos eletrostáticos, temos atração e repulsão. Imaginem-se dois condutores esféricos possuindo cargas iguais, uma positiva e outra negativa. Aqui, "iguais" significa ter o mesmo valor absoluto; + 5 e – 5, por exemplo, têm o mesmo valor absoluto. Admitamos que essas esferas sejam ligadas por meio de um isolante, tal como um bastão de vidro. Essa disposição pode ser esquematicamente representada por uma seta dirigida do condutor negativamente carregado para o condutor positivo. Chamaremos a todo o conjunto *dipolo* elétrico. É claro que dois dipolos como esse se comportariam exatamente como os ímãs da experiência 1. Se imaginarmos a nossa invenção como um modelo de um ímã real, poderemos dizer, admitindo a existência de fluidos magnéticos, que um ímã nada mais é do que um *dipolo magnético,* tendo em seus extremos dois fluidos de tipos diferentes. Essa teoria simples imitando a teoria da eletricidade é adequada para uma explicação da primeira experiência. Haveria atração em uma das extremidades, repulsão na outra e um equilíbrio de forças iguais e opostas no meio. Mas que dizer no tocante à segunda experiência?

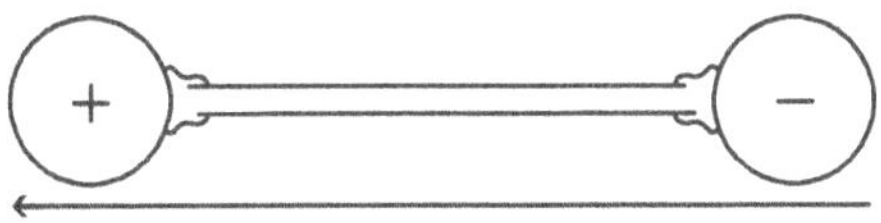

Figura 29

Quebrando o bastão de vidro no caso do dipolo elétrico, obtemos dois polos isolados. O mesmo deverá dar-se no caso da barra de ferro do dipolo magnético, contrariamente aos resultados da segunda experiência. Assim, essa contradição nos força a introduzir uma teoria algo mais sutil. Em vez de nosso modelo anterior, podemos imaginar que o ímã consiste de polos magnéticos *elementares* muito pequenos, que não podem ser partidos em polos separados. A ordem reina no ímã em seu todo, pois todos os dipolos são orientados da mesma maneira. Vemos imediatamente por que o corte de um ímã ocasiona o aparecimento de dois polos novos nas novas extremidades, e porque essa nova teoria aprimorada explica os fatos tanto da experiência 1 como da experiência 2.

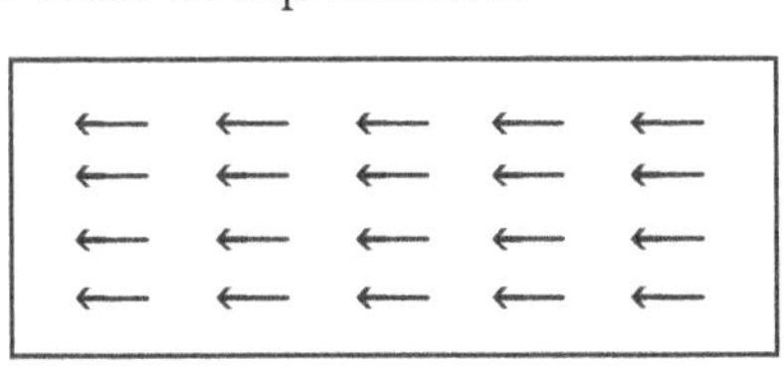

Figura 30

Para muitos fatos, a teoria mais simples dá uma explicação e o aprimoramento não parece necessário. Vejamos um exemplo: sabemos que um ímã atrai pedaços de ferro. Por quê? Em um pedaço de ferro comum, os dois fluidos magnéticos são misturados, de modo que não resulta efeito líquido algum. A proximidade de um polo positivo age como uma "ordem de divisão" para os fluidos, atraindo o fluido negativo e repelindo o fluido positivo do ferro. Segue-se a atração entre ímã e ferro. Se o ímã é removido, os fluidos voltam a um estado aproximadamente igual ao original, dependendo do quanto estejam lembrados da voz de comando da força externa.

Pouco se faz necessário dizer sobre o lado quantitativo do problema. Com dois vergalhões imantados muito longos poderíamos investigar a atração (ou repulsão) entre seus polos quando aproximados. O efeito das outras extremidades dos vergalhões é sem importância se os vergalhões são suficientemente longos. Qual a dependência em que está a atração ou repulsão da distância entre os polos? A resposta, dada pela experiência de Coulomb, é que essa dependência da distância é a mesma que na lei da gravitação de Newton e na lei da eletrostática de Coulomb.

Vemos novamente nessa teoria a aplicação de um ponto de vista geral: a tendência para descrever todos os fenômenos por meio de forças de atração e repulsão dependentes apenas da distância e atuando entre partículas imutáveis.

Um fato bem conhecido deve ser mencionado, pois mais tarde faremos uso dele. A Terra é um grande dipolo magnético. Não há o menor sinal de explicação para que assim seja. O Polo Norte é aproximadamente o polo magnético de sinal negativo (–) e o Polo Sul o polo de sinal positivo (+) da Terra. Os nomes positivo e negativo são apenas uma questão de convenção, mas, uma vez fixados, permitem-nos designar os polos em qualquer outro caso. Uma agulha magnética suspensa sobre um eixo vertical obedece ao comando da força magnética da Terra. Orienta o seu polo de sinal mais para o Polo Norte, isto é, para o polo magnético de sinal menos da Terra.

Embora possamos manter consistentemente o conceito mecânico no domínio dos fenômenos elétricos e magnéticos, não há razão alguma para que tenhamos orgulho ou satisfação com ele. Algumas particularidades da teoria são certamente insatisfatórias, se não mesmo desencorajadoras. Novos tipos de substância teriam de ser inventados; dois fluidos elétricos e os dipolos magnéticos elementares. A riqueza de substâncias começa a tornar-se esmagadora!

As forças são simples. São expressivas de maneira similar para as forças gravitacionais, elétricas e magnéticas. Mas o preço pago por essa simplicidade é elevado: a introdução de novas substâncias destituídas de peso. Estas são conceitos assaz artificiais e muito desligadas da substância fundamental, a massa.

3
A primeira dificuldade séria

Estamos agora preparados para notar a nossa primeira dificuldade grave na aplicação de nosso ponto de vista filosófico geral. Será mais tarde mostrado que essa dificuldade, juntamente com outra ainda mais séria, ocasionou um completo desmoronamento da crença de que todos os fenômenos pudessem ser mecanicamente explicados.

O tremendo desenvolvimento da eletricidade como um ramo da ciência e da técnica começou com a descoberta da corrente elétrica. Encontramos aqui um dos poucos exemplos na história da ciência em que o acidente parece ter desempenhado papel essencial. A história da convulsão da perna de uma rã é contada de muitas maneiras diferentes. Independentemente da veracidade no tocante aos detalhes, não há dúvida alguma quanto a que a descoberta acidental de Galvani levou Volta, no fim do século XVIII, à construção do que é conhecido como *bateria voltaica*. Esta não é mais de uso prático, mas ainda oferece um exemplo muito simples de fonte de corrente em demonstrações escolares e em descrições em livros didáticos.

O princípio de sua construção é simples. São vários copos de vidro, cada um deles contendo água e um pouco de ácido sulfúrico. Duas placas de metal, sendo uma de cobre e outra de zinco, são imersas na solução, em cada copo. A placa de cobre de um copo é ligada à placa de zinco do copo seguinte, de modo que somente a placa de zinco do primeiro e a de cobre do último permanecem desligadas. Podemos detectar uma diferença de potencial elétrico entre o zinco do primeiro copo e o cobre do último por meio de um eletroscópio razoavelmente sensível se o número de "elementos", isto é, copos com placas, que constituem a bateria for suficientemente grande.

Foi somente com o propósito de obter algo facilmente mensurável com o aparato já descrito que apresentamos uma bateria consistindo de vários elementos. Para outras discussões, um só elemento servirá igualmente bem. O potencial do cobre se torna mais elevado do que o do zinco. A expressão "mais elevado" é aqui usada no mesmo sentido em que + 2 é maior do que – 2. Se um condutor é ligado à placa livre de cobre, e outro à de zinco, ambos se tornarão carregados, o primeiro com carga positiva e o outro com carga negativa. Até agora, nada de novo ou surpreendente apareceu e podemos tentar aplicar as nossas ideias anteriores sobre diferenças de potencial. Vimos que uma diferença de potencial entre dois condutores pode ser rapidamente anulada ao serem os mesmos ligados entre si por meio de um fio, ocorrendo um fluxo de fluido elétrico de um condutor para o outro. Esse processo foi similar à igualação de temperaturas pelo fluxo de calor. Mas funcionará no caso de uma bateria voltaica? Volta escreveu em seu relatório que as placas se portam como condutores: "... debilmente carregadas, agindo incessantemente ou de modo que sua carga se restabelece após cada descarga; o que, em uma palavra, garante uma carga ilimitada ou impõe uma ação ou impulsão perpétua do fluido elétrico."

O resultado surpreendente dessa experiência é que a diferença de potencial entre as placas de cobre e zinco não se desvanece como no caso de dois condutores ligados por um fio. A diferença, de acordo com a teoria dos fluidos, deve causar um fluxo constante de fluido elétrico do potencial de nível mais alto (placa de cobre) para o de nível mais baixo (placa de zinco). Em uma tentativa de salvar a teoria dos fluidos, podemos admitir que alguma força constante age para regenerar a diferença de potencial e ocasionar um fluxo de fluido elétrico. Mas o fenômeno é todo ele perturbador do ponto de vista da energia. Uma quantidade perceptível de calor é gerada no fio que transporta a corrente, suficiente até para fundir o fio se este for delgado. Portanto, é criada energia calorífica no fio. Mas a bateria voltaica em seu todo forma um sistema isolado, porquanto não é aplicada energia externa alguma. Se quisermos salvar a lei da conservação da energia, teremos de determinar onde ocorrem as transformações e a expensas de que o calor é criado. Não é difícil concluir-se que ocorrem processos químicos complicados na bateria, processos em que tomam parte ativa tanto o cobre e o zinco imersos como o próprio líquido. Do ponto de vista da energia, é a seguinte, a cadeia de transformações que se verificam: energia química → energia do fluido elétrico em escoamento, isto é, corrente → calor. Uma bateria voltaica não dura eternamente; as transformações químicas, justamente com o fluxo de eletricidade, tornam a bateria inútil após um certo tempo.

A experiência que realmente revelou as grandes dificuldades da aplicação das ideias mecânicas deve soar estranha àqueles que ouçam sua descrição pela primeira vez. Foi feita por Oersted há aproximadamente 120 anos. Ele relata: "Parece ficar demonstrado, por essas experiências, que a agulha magnética foi deslocada de sua posição com a ajuda de um aparato galvânico, e isso quando o circuito galvânico foi fechado, mas não quando aberto, como certos físicos muito célebres tentaram em vão há vários anos."

Suponha-se que disponhamos de uma bateria voltaica e de um fio condutor. Se o fio for ligado à placa de cobre, mas não à de zinco, haverá uma diferença de potencial, mas nenhuma corrente poderá escoar. Admitamos que o fio seja vergado para formar um círculo em cujo centro é colocada uma agulha magnética, ficando tanto o círculo como a agulha em um mesmo plano. Nada acontecerá enquanto o fio não tocar a placa de zinco. Não há forças atuando, não tendo a diferença de potencial existente influência alguma sobre a posição da agulha. Parece difícil compreender-se por que os "físicos muito célebres", como os qualificou Oersted, esperaram se verificasse tal influência.

Mas liguemos agora o fio à placa de zinco. Ocorre imediatamente uma coisa estranha. A agulha magnética se desloca de sua posição anterior. Um dos polos aponta agora para o leitor, considerando-se que as páginas deste livro representem o plano do círculo. O efeito é o de uma força, *perpendicular* ao plano, atuando sobre o polo magnético. Defrontando-nos com os fatos da experiência, dificilmente poderemos evitar de tirar essa conclusão sobre a direção da força atuante.

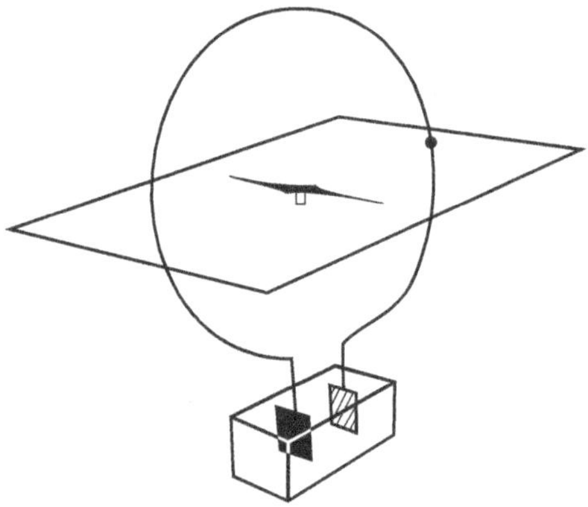

Figura 31

A experiência é interessante, em primeiro lugar porque mostra uma relação entre dois fenômenos aparentemente muito diferentes, o magnético e a corrente elétrica. Há outro aspecto ainda mais importante. A força entre o polo magnético e as pequenas porções do fio através das quais a corrente flui não podem estar ao longo das linhas que ligam o fio e a agulha, ou entre as partículas do fluido elétrico em escoamento e os dipolos magnéticos elementares. A força é perpendicular a essas linhas! Pela primeira vez aparece uma força inteiramente diferente daquela à qual, de acordo com o nosso ponto de vista mecânico, pretendemos reduzir todas as ações do mundo exterior. Estamos lembrados de que as forças da gravitação, eletrostática e magnetismo, obedecendo às leis de Newton e Coulomb, agem ao longo da linha que liga dois corpos que se atraem ou se repelem.

Essa dificuldade foi ainda mais acentuada por uma experiência realizada com grande perícia por Rowland há quase 60 anos. Deixando de lado os detalhes técnicos, essa experiência poderia ser assim descrita: imagine-se uma pequena esfera carregada. Imagine-se ainda que essa esfera se desloca muito rapidamente em um círculo em cujo centro encontra-se uma agulha magnética. Essa experiência é, em princípio, a mesma que fora feita por Oersted, com a única diferença de que, em vez de termos uma corrente comum, temos um movimento da carga elétrica mecanicamente produzido. Rowland constatou que o resultado é de fato similar ao observado quando uma corrente flui em um fio circular. O ímã é desviado por uma força perpendicular.

Desloquemos agora a carga mais rapidamente. A força que age sobre o polo magnético é, em consequência, aumentada; o desvio da posição original torna-se mais distinta. Essa observação cria outra complicação grave. Não apenas a força malogra em situar-se na linha que liga a carga e o ímã, mas sua intensidade depende da velocidade da carga. O ponto de vista mecânico baseava-se inteiramente na crença de que todos os fenômenos pudessem ser explicados em termos de forças que dependiam exclusivamente da distância e não da velocidade. Contudo, podemos decidir ser conservadores e buscar uma solução dentro da estrutura das velhas ideias.

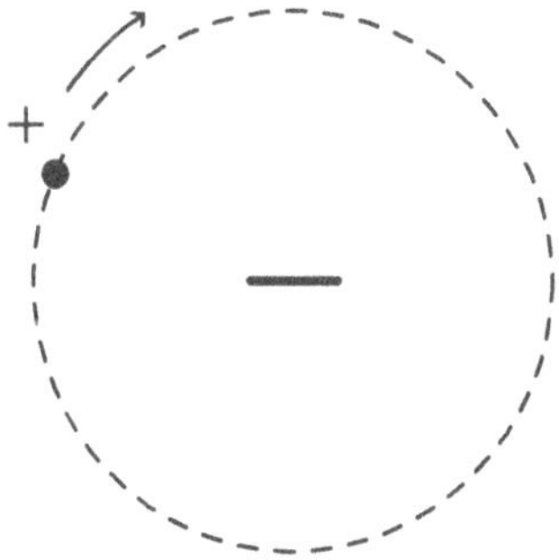

Figura 32

Dificuldades desse tipo, obstáculos repentinos e inesperados ao triunfante desenvolvimento de uma teoria, surgem frequentemente em ciência. Por vezes, uma simples generalização de velhas ideias parece ser, pelo menos temporariamente, uma boa saída. Por exemplo, pareceria suficiente, no presente caso, ampliar o ponto de vista anterior e introduzir mais forças gerais entre as partículas elementares. No entanto, é com muita frequência impossível remendar uma velha teoria, e as dificuldades ocasionam a sua queda e a ascensão de outra nova. Aqui, não foi somente o comportamento de uma diminuta agulha magnética o que derrubou as teorias mecânicas aparentemente bem fundadas e vitoriosas. Outro ataque, mais vigoroso ainda, foi desfechado de um ângulo inteiramente diferente. Mas isso é outra história que contaremos depois.

4
A velocidade da luz

Em *Duas novas ciências*, de Galileu, ouvimos uma conversação entre o mestre e seus discípulos sobre a velocidade da luz:

SAGREDO: Mas de que tipo e de que grandeza devemos considerar essa velocidade da luz? Será instantânea ou momentânea, ou exigirá tempo como outro movimento? Não poderemos decidir isso pela experiência?

SIMPLÍCIO: A experiência cotidiana mostra que a propagação da luz é instantânea; pois quando vemos ser disparada uma peça de artilharia, a grande distância, o lampejo chega aos nossos olhos sem um lapso de tempo; mas o som chega aos ouvidos somente após um intervalo perceptível.

SAGREDO: Bem, Simplício, a única coisa que sou capaz de deduzir desse pouco de experiência familiar é que o som, ao chegar aos nossos ouvidos, desloca-se mais lentamente do que a luz; isso não me informa sobre se a vinda da luz é instantânea ou se, embora extremamente rápida, ainda tome tempo...

SALVIATI: A pequena conclusão dessas e de outras experiências similares levaram-me, certa feita, a idear um método pelo qual se pode determinar precisamente se a iluminação, isto é, a propagação da luz, é instantânea...

Salviati prossegue, explicando o método de sua experiência. A fim de compreendermos sua ideia, imaginemos que a velocidade da luz é não apenas finita, mas também pequena, que o movimento da luz sofre diminuição, como o de uma película cinematográfica em câmara lenta. Dois homens, *A* e *B*, cobriram suas lanternas e estão postados, digamos, a uma milha de distância um do outro.

O primeiro homem, *A,* descobre a sua lanterna. *Os* dois fizeram um acordo segundo o qual *B* descobre a sua lanterna no momento em que vê a luz de *A*. Admitamos que, em nosso "movimento lento", a luz caminhe com a velocidade de uma milha por segundo. *A* envia um sinal ao descobrir a lanterna. *B* vê o sinal após um segundo e envia um sinal em resposta. Este sinal é recebido por *A* dois segundos após haver enviado o seu próprio sinal. Equivale dizer, se a luz caminha com a velocidade de uma milha por segundo, decorrerão dois segundos entre o envio e a recepção de um sinal por *A*, admitindo-se que *B* esteja a uma milha de distância. Inversamente, se *A* desconhece a velocidade da luz e supõe que o seu companheiro tenha respeitado o acordo e observa ser a lanterna de *B* descoberta dois segundos depois de ter ele descoberto a sua, pode concluir que a velocidade da luz é de uma milha por segundo.

Com a técnica experimental disponível na época, Galileu tinha pouca possibilidade de determinar dessa maneira a velocidade da luz. Se a distância fosse de uma milha, ele teria de detectar intervalos de tempo da ordem de cem milésimos de segundo.

Galileu formulou o problema da determinação da velocidade da luz mas não o resolveu. A formulação é frequentemente mais essencial do que a sua solução, a qual pode ser meramente uma questão de perícia matemática ou experimental. Levantar novas questões, novas possibilidades, considerar velhos problemas sob novo ângulo, exige imaginação criadora e marca um avanço real em ciência. O princípio da inércia e a lei da conservação da energia foram alcançados somente por pensamentos novos e originais sobre experiências e fenômenos já bem conhecidos. Muitos exemplos desse tipo serão encontrados nas páginas seguintes deste livro, nas quais será acentuada a importância de se ver fatos conhecidos sob novas luzes e serão descritas teorias novas.

Voltando à questão relativamente simples da determinação da velocidade da luz, podemos observar ser surpreendente que Galileu não se tenha apercebido de que a sua experiência poderia ter sido feita com muito mais simplicidade e precisão por um só homem. Em vez de postar o seu companheiro a uma distância, ele poderia ter lá instalado um espelho, o qual automaticamente enviaria de volta o sinal, imediatamente após recebê-lo.

Aproximadamente 250 anos depois, precisamente esse princípio foi usado por Fizeau, que foi o primeiro a determinar a velocidade da luz por meio de uma experiência terrestre. Ela havia sido determinada muito antes por Roemer, embora com menor precisão, por meio da observação astronômica.

É bem claro que, em vista de sua enorme grandeza, a velocidade da luz só poderia ser medida considerando-se distâncias comparáveis à existente entre a Terra e um outro planeta do sistema solar, ou por meio de grande refinamento de técnica experimental. O primeiro método foi usado por Roemer; o segundo, por Fizeau. Desde os dias dessas primeiras experiências, o importantíssimo número representativo da velocidade da luz foi muitas vezes determinado com crescente precisão. Em nosso próprio século, uma técnica altamente refinada com esse propósito foi ideada por Michelson. O resultado dessas experiências pode ser simplesmente expressado: a velocidade da luz *in vacuo* é de aproximadamente 186.000 milhas por segundo, ou 300.000 quilômetros por segundo.

5
A luz como substância

Começamos novamente com uns poucos fatos experimentais. O número que acabamos de citar diz respeito à velocidade da luz *in vacuo.* Não sendo perturbada, a luz caminha com essa velocidade pelo espaço vazio. Podemos ver através de um vaso de vidro se extraímos o ar de seu interior. Vemos os planetas, as estrelas, as nebulosas, embora a luz caminhe vindo deles através do espaço vazio. O simples fato de podermos ver através de um vaso de vidro, exista ou não ar dentro dele, mostra que a presença do ar importa pouquíssimo. Por essa razão podemos fazer experiências óticas em uma sala com o mesmo efeito de que se não houvesse ar algum.

Um dos fatos óticos mais simples é que a propagação da luz é linear. Descreveremos uma experiência primitiva e simples que mostra isso. Diante de um ponto fonte é colocado um anteparo em que há um furo. Um ponto fonte é uma fonte muito pequena de luz, digamos, uma pequena abertura em uma lanterna fechada. O furo do anteparo se apresentará, sobre uma parede distante, como luz sobre um fundo negro. A Figura 33 mostra como esse fenômeno está ligado à propagação retilínea da luz. Todos esses fenômenos, até mesmo os casos mais complicados em que aparecem luz, sombra e meias sombras, podem ser explicados pela suposição de que a luz caminha em linha reta *in vacuo* ou no ar.

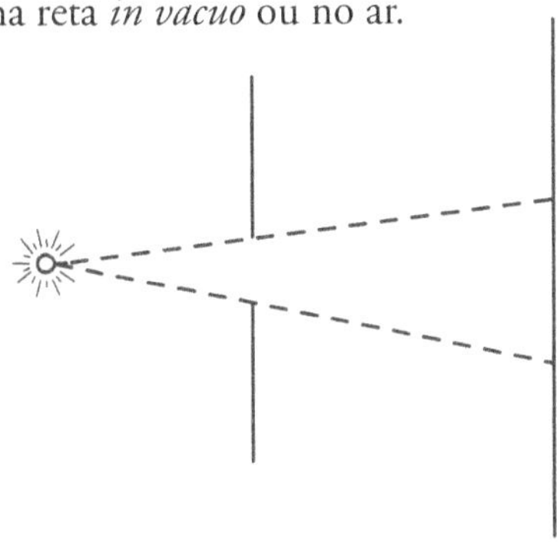

Figura 33

Consideremos outro exemplo, um caso em que a luz passe através da matéria. Que acontece? Se a lei do movimento retilíneo ainda fosse válida, a trajetória seria aquela indicada pela linha de traços, em continuação da linha cheia. Mas na realidade não o é. Ocorre uma quebra na trajetória, tal como se vê na Figura 34. O que observamos aqui é o fenômeno conhecido como refração. A visão familiar de uma vara que parece ser dobrada ao meio quando meio imersa na água é uma das muitas manifestações da refração.

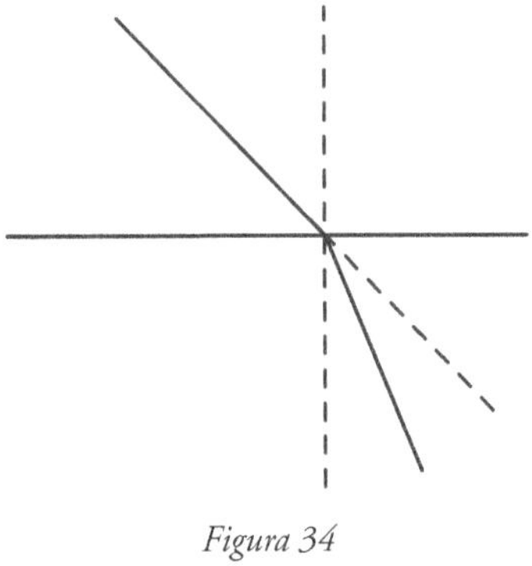

Figura 34

Esses fatos são suficientes para indicar como poderia ser ideada uma teoria mecânica simples da luz. O nosso objetivo, aqui, é mostrar como as ideias de substâncias, partículas e forças penetraram o campo da ótica e como finalmente o velho ponto de vista filosófico ruiu.

A teoria se insinua aqui em sua mais simples e primitiva forma. Admitamos que todos os corpos iluminados emitam partículas de luz, ou *corpúsculos*, os quais, ao atingirem os nossos olhos, criam a sensação de luz. Já estamos por tal forma acostumados a introduzir substâncias novas, quando necessário para uma explicação mecânica, que podemos fazê-lo uma vez mais sem grande hesitação. Esses corpúsculos devem caminhar em linha reta pelo espaço vazio com uma velocidade conhecida, trazendo aos nossos olhos mensagens dos corpos emissores da luz. Todos os fenômenos que exibem a propagação linear da luz justificam a teoria corpuscular, pois justamente esse tipo de movimento foi prescrito para os corpúsculos. A teoria também explica com muita simplicidade a reflexão da luz por espelhos como o mesmo tipo de reflexão mostrado na experiência mecânica de bolas elásticas lançadas de encontro a uma parede, como indica a Figura 35.

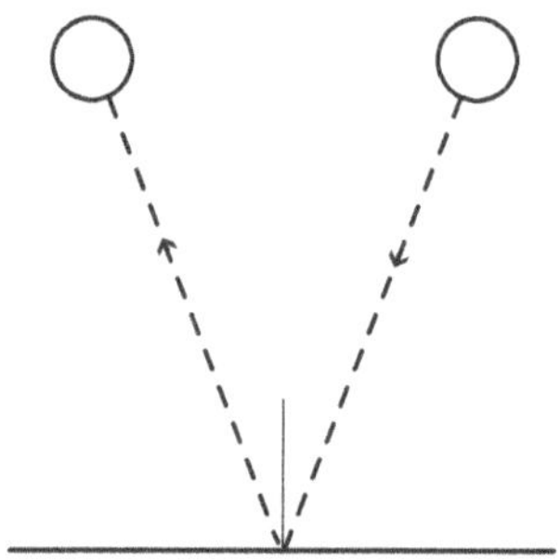

Figura 35

A explicação da refração é um pouco mais difícil. Sem entrar em detalhes, podemos ver a possibilidade de uma explicação. Se corpúsculos caem sobre uma superfície de vidro, por exemplo, pode ser que uma força seja exercida sobre eles pelas partículas da matéria, uma força que, estranhamente, só age na vizinhança imediata da matéria. Qualquer força que atue sobre uma partícula em movimento, altera a velocidade, como já sabemos. Se a força final sobre o corpúsculo de luz for uma atração perpendicular à superfície do vidro, o novo movimento se situará em alguma posição entre a linha da trajetória original e a perpendicular. Essa explicação simples parece prometer êxito para a teoria corpuscular da luz. Para determinar a utilidade e o alcance da validez dessa teoria nós temos, contudo, de investigar fatos novos e mais complicados.

6
O enigma da cor

Foi novamente o gênio de Newton que explicou pela primeira vez a riqueza de cores do mundo. Eis a descrição de uma das experiências de Newton em sua própria linguagem:

> No ano de 1666 (em que eu me ocupava da lapidação de vidros óticos de formatos outros que não o esférico) preparei um prisma triangular de vidro para tentar com ele produzir os célebres fenômenos das cores. E, com esse propósito, escureci a minha câmara, fiz um pequeno furo no postigo de minha janela para deixar entrar uma quantidade suficiente de luz do Sol e coloquei o meu prisma à sua entrada, de modo que pudesse ser refratada para a parede oposta. Foi a princípio um divertimento muito agradável ver as cores vivas e intensas assim produzidas.

A luz do Sol é "branca". Após atravessar um prisma, ela mostra todas as cores que existem no mundo visível. A própria natureza produz o mesmo resultado na bonita gama de cores do arco-íris. As tentativas de explicar esse fenômeno são antiquíssimas. A história bíblica de que um arco-íris é a assinatura de Deus, feita em convenção com o homem, é, em certo sentido, uma "teoria". Mas não explica satisfatoriamente por que o arco-íris se repete de tempos a tempos e por que isso se dá sempre em conexão com a chuva. O problema da cor foi pela primeira vez cientificamente atacado, tendo sua solução indicada, no grande trabalho de Newton.

Uma das bordas do arco-íris é sempre vermelha e a outra sempre violeta. Entre elas estão arranjadas todas as outras cores. Eis a explicação de Newton para o fenômeno: toda cor já está presente na luz branca. Elas todas atravessam o espaço interplanetário e a atmosfera em uníssono, e dão o efeito de luz branca. A luz branca é, por assim dizer, uma mistura de corpúsculos de tipos diferentes, pertencentes às diferentes cores. No caso da experiência de Newton, o prisma as separa no espaço. De acordo com a teoria mecânica, a refração resulta de forças agindo sobre as partículas de luz e originadas das partículas de vidro. Essas forças são diferentes para corpúsculos pertencentes a cores diferentes, sendo as mais fortes pertencentes ao violeta e as mais fracas ao vermelho. Cada uma das cores será, portanto, refratada ao longo de uma trajetória diferente, sendo separadas umas das outras quando a luz deixa o prisma. No caso de um arco-íris, as gotículas de água desempenham o papel do prisma.

A teoria da luz como substância é mais complicada. Não temos agora uma substância, mas muitas, cada uma pertencente a uma cor diferente. Se, contudo, há alguma verdade na teoria, suas consequências devem concordar com a observação.

A série de cores contidas na luz branca do Sol, conforme revelada pela experiência de Newton, é chamada *espectro* do Sol, ou, com mais precisão, seu *espectro visível*. A decomposição da luz branca em seus componentes, conforme aqui descrita, é chamada *dispersão* da luz. As cores do espectro, separadas, poderão ser de novo misturadas por um segundo prisma devidamente ajustado, a menos que a explicação dada esteja errada. O processo deverá ser precisamente o inverso do primeiro. Devemos obter luz branca das cores previamente separadas. Newton mostrou por meio da experiência que é realmente possível obter-se a cor branca de seu espectro, e o espectro da luz branca, desse modo simples, quantas vezes se quiser. Essas experiências formaram um forte apoio à teoria segundo a qual os corpúsculos pertencentes a cada cor se comportam como substâncias imutáveis. Newton escreveu:

> ... cores essas que não são geradas, mas apenas tornadas aparentes ao serem separadas; pois se forem de novo misturadas e combinadas, comporão novamente aquela cor, como faziam antes da separação.

E, pela mesma razão, as transmutações feitas pela reunião de várias cores não são reais; pois quando os raios desiguais são novamente separados, exibem as mesmas cores que exibiam antes de entrar na composição; como se sabe, os pós azul e amarelo, quando finamente misturados, parecem verde a olho nu e, no entanto, as cores dos corpúsculos componentes não são desse modo realmente transmutadas, mas apenas combinadas. Porque quando vistos com um bom microscópio ainda se mostram azuis e amarelos, intercaladamente.

Suponha-se que tenhamos isolado uma faixa muito estreita do espectro. Isso significa que, das muitas cores, só permitimos que uma passe pela fenda, sendo as outras barradas por um anteparo. O feixe que atravessa consistirá de luz *homogênea*, isto é, luz que não pode ser dividida em outros componentes. Isso é uma consequência da teoria e pode ser facilmente confirmado pela experiência. Tal feixe de cor simples não poderá de modo algum ser mais dividido. Há meios simples de obter fontes de luz homogênea. Por exemplo, o sódio, quando incandescente, emite luz amarela homogênea. É com frequência conveniente a realização de certas experiências óticas com luz homogênea, porquanto, como bem se pode compreender, o resultado será muito mais simples.

Imaginemos que repentinamente acontece uma coisa muito estranha: o nosso Sol começa a emitir apenas luz homogênea de alguma cor definida, digamos, amarelo. A grande variedade de cores existentes na Terra se desvaneceria imediatamente. Tudo seria ou amarelo ou preto. Essa predição é uma consequência da teoria da luz como substância, pois não podem ser criadas novas cores. Sua validade pode ser confirmada pela experiência: em uma sala na qual a única fonte de luz é o sódio incandescente, tudo é ou amarelo ou preto. A riqueza de cores do mundo reflete a variedade de cores de que é composta a luz branca.

A teoria da luz como substância parece funcionar esplendidamente em todos esses casos, embora a necessidade de introduzir tantas substâncias quantas sejam as cores não nos deixe à vontade. A suposição de que todos os corpúsculos de luz tenham exatamente a mesma velocidade no espaço vazio também parece muito artificial.

É imaginável que outro conjunto de suposições, uma teoria de caráter inteiramente diferente, funcionaria igualmente bem e daria todas as explicações exigidas. Na verdade, testemunharemos em breve o surgimento de outra teoria, baseada em conceitos inteiramente diferentes, no entanto explicando o mesmo domínio de fenômenos óticos. Antes de formular as suposições que baseiam essa nova teoria, devemos, contudo, responder a uma questão de modo algum ligada a essas considerações óticas. Devemos voltar à mecânica e perguntar: o que é uma onda?

7

Que é uma onda?

Um boato lançado em Washington chega muito rapidamente a Nova York, embora nem uma só das pessoas que se incumbiram de o espalhar tenha viajado entre essas duas cidades. Estão envolvidos dois movimentos inteiramente diferentes: o do rumor, de Washington para Nova York, e o das pessoas que o espalharam. O vento, passando sobre um campo de trigo, cria uma onda que se espalha por todo o trigal. Devemos novamente distinguir, aqui, entre o movimento da onda e o das plantas esperadas, as quais sofrem apenas pequenas oscilações. Todos já vimos as ondas que se espalham em círculos cada vez maiores quando uma pedra é jogada em uma poça de água. O movimento da onda é muito diferente do das partículas da água. Estas se movem simplesmente para cima e para baixo. O movimento da onda, observado, é o de um estado da matéria e não da matéria em si. Uma rolha flutuando sobre a onda mostra isso claramente, pois se move para cima e para baixo, em uma imitação do movimento real da água, em vez de ser levada pela onda. A fim de compreender melhor o mecanismo da onda, consideremos novamente uma experiência idealizada.

Suponha-se que um grande espaço seja bem uniformemente enchido com água, ou ar, ou qualquer outro "meio". Em algum ponto no centro encontra-se uma esfera. No início da experiência não há movimento algum. Repentinamente, a esfera começa a "respirar" ritmadamente, expandindo e contraindo seu volume, embora mantendo sua forma esférica. Que acontecerá ao meio? Comecemos o nosso exame no momento em que a esfera começa a se expandir. As partículas do meio na vizinhança imediata da esfera são empurradas para fora, de modo que a densidade de um envoltório esférico de água, ou de ar, conforme seja o caso, é aumentada acima de seu valor normal. Similarmente, quando a esfera se contrai, a densidade da parte do meio imediatamente circundante diminuirá. Essas alterações de densidade se propagam por todo o meio. As partículas constituintes do meio realizam apenas pequenas vibrações, mas o movimento é, em seu todo, o de uma onda progressiva. A coisa essencialmente nova, aqui, é que pela primeira vez consideramos o movimento de algo que não é matéria, mas energia propagada através da matéria.

Usando o exemplo da esfera pulsante, podemos introduzir dois conceitos físicos gerais, importantes para a caracterização das ondas. O primeiro é o da velocidade com que a onda se espalha. Dependerá do meio, sendo diferente para a água e para o ar, por exemplo. O segundo conceito é o do *comprimento de onda*. No caso de ondas no mar ou em um rio, é a distância entre a cava de uma onda e a da onda seguinte, ou da crista de uma à crista da seguinte. Portanto, as ondas do mar tem mais comprimento de onda do que as dos rios. No caso de nossas ondas formadas por uma esfera pulsante, o comprimento de onda é a distância, em algum tempo definido, entre dois envoltórios esféricos vizinhos, apresentando máximos e mínimos de densidade. É evidente que essa distância não dependerá somente do meio. O ritmo da pulsação da esfera terá, certamente, grande efeito, tomando o comprimento de onda mais curto se a pulsação se torna mais rápida e mais longo se a pulsação se torna mais lenta.

Esse conceito de onda resultou muito eficaz em física. É, decisivamente, um conceito mecânico. O fenômeno é reduzido ao movimento de partículas que, de acordo com a teoria cinética, são constituintes da matéria. Assim, toda teoria que usa o conceito de onda pode ser, em geral, considerada uma teoria mecânica. Por exemplo, a explicação dos fenômenos acústicos é essencialmente baseada nesse conceito. Os corpos em vibração, tais como as cordas vocais e as dos violinos, são fontes de ondas sonoras que se propagam pelo ar da maneira explicada para a esfera pulsante. É, portanto, possível reduzir todos os fenômenos acústicos à mecânica por meio do conceito de onda.

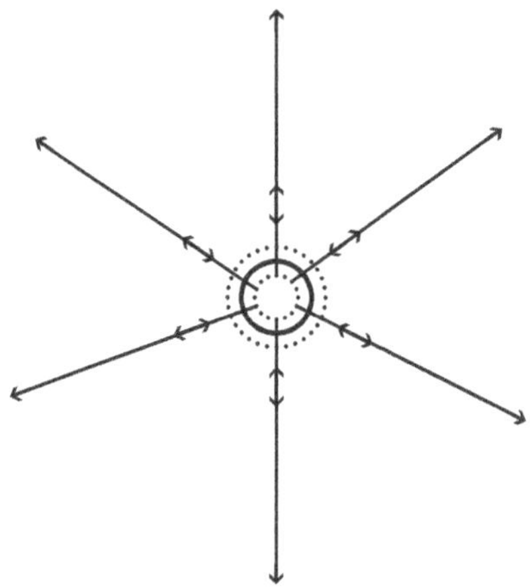

Figura 36

Acentuamos o fato de devermos distinguir entre movimento das partículas e o da onda em si, que é um estado do meio. Os dois são muito diferentes, mas vê-se que, em nosso exemplo da esfera pulsante, ambos os movimentos ocorrem ao longo da mesma linha reta. As partículas do meio oscilam ao longo de segmentos lineares curtos, e a densidade aumenta e diminui de acordo com esse movimento. A direção em que a onda se expande e a linha em que se dá a oscilação são a mesma. Esse tipo de onda é chamado *longitudinal.* Mas será o único tipo de onda? É importante, para as nossas considerações ulteriores, considerarmos a possibilidade de um tipo diferente de onda, chamado *transversal.*

Modifiquemos o nosso exemplo anterior. Temos ainda a esfera, mas a mesma está imersa em um meio de tipo diferente, uma espécie de geleia, em vez de ar ou água. Mais ainda, a esfera não mais pulsa, mas roda em uma direção descrevendo um pequeno ângulo, e depois de volta outra vez, sempre do mesmo modo rítmico e em torno de um eixo definido. A geleia adere à esfera e, assim, as partes aderentes são forçadas a imitar o movimento. Essas partes forçam as situadas um pouco mais distante a imitarem o mesmo movimento, e assim por diante, de modo que é produzida uma onda no meio. Se tivermos em mente a distinção entre o movimento do meio e o movimento da onda, veremos que os dois não estão, aqui, sobre a mesma linha. A onda se propaga na direção do eixo da esfera, enquanto as partes do meio se movem perpendicularmente a essa direção. Criamos, assim, uma onda transversal.

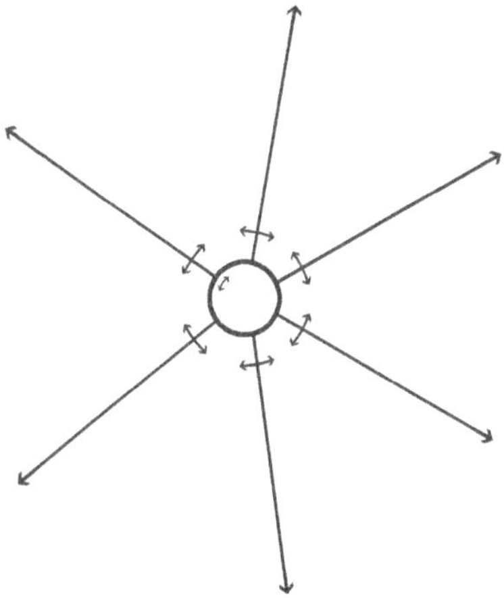

Figura 37

As ondas que se expandem na superfície da água são transversais. Uma rolha de cortiça flutuando apenas oscila para cima e para baixo, mas a onda se expande ao longo de um plano horizontal. Por outro lado, as ondas sonoras representam o exemplo mais familiar de ondas longitudinais.

Mais uma observação: a onda produzida por uma esfera pulsante ou oscilante em um meio homogêneo é uma onda *esférica*. É assim chamada porque em qualquer momento dado todos os pontos de qualquer esfera que envolva a fonte se comportam da mesma maneira. Consideremos uma porção de tal esfera a uma grande distância da fonte. Quanto mais afastada estiver essa porção e quanto menor for esta, tanto mais se assemelhará a um plano.

Podemos dizer, sem tentarmos ser muito rigorosos, que não há diferença essencial alguma entre uma parte de um plano e uma parte de uma esfera cujo raio seja suficientemente grande. Frequentemente falamos de pequenas porções de uma onda esférica distantes da fonte como sendo *ondas planas*. Quanto mais longe do centro das esferas situarmos a parte sombreada do nosso desenho e quanto menor for o ângulo entre os dois raios, tanto melhor será a nossa representação de uma onda plana. O conceito de onda plana, como muitos outros conceitos físicos, não é mais do que uma ficção que só pode ser realizada com pequeno grau de exatidão. Trata-se, contudo, de um conceito útil do qual necessitaremos mais tarde.

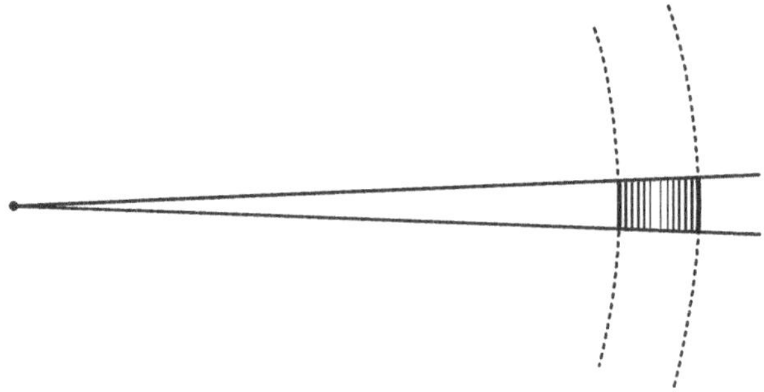

Figura 38

8
A teoria ondulatória da luz

Recordemos o motivo para termos interrompido a descrição dos fenômenos óticos. Nosso objetivo foi apresentar outra teoria da luz, diferente da teoria corpuscular, mas tentando também explicar o mesmo domínio de fatos. Para fazê-lo tivemos de interromper a nossa história e introduzir o conceito de ondas. Podemos voltar agora ao nosso assunto.

Foi Huygens, um contemporâneo de Newton, quem apresentou uma teoria nova. Em seu tratado sobre a luz, ele escreveu:

> Se, além disso, a luz gastar tempo para a sua passagem – o que iremos agora examinar – seguir-se-á que esse movimento, imprimido à matéria intermediária, é sucessivo; e, consequentemente, ela se espalha, como o faz o som, em superfícies esféricas e ondas, pois eu as chamo ondas por causa de sua semelhança com as que se vê formarem-se

> na água quando nela se joga uma pedra, e que apresentam uma expansão sucessiva em círculos, embora estes resultem de outra causa e estejam apenas em uma superfície plana.

De acordo com Huygens, a luz é uma onda, uma transferência de energia e não de substância. Vimos que a teoria corpuscular explica muitos dos fatos observados. Será a teoria ondulatória também capaz de fazê-lo? Temos de fazer novamente as perguntas que já foram respondidas pela teoria corpuscular, para ver se a teoria ondulatória pode sair-se igualmente bem. E iremos fazer isso aqui sob a forma de um diálogo entre *N* e *H,* sendo *N* um crente da teoria corpuscular de Newton e *H* um crente da teoria de Huygens. Nenhum dos dois tem permissão para usar argumentos criados depois de o trabalho dos dois grandes mestres ter sido concluído.

N: Na teoria corpuscular, a velocidade da luz tem um significado bem definido. É a velocidade com a qual os corpúsculos caminham no espaço vazio. Que significará ela na teoria ondulatória?

H: Significa a velocidade da onda de luz, está claro. Toda onda que se conhece se espalha com alguma velocidade definida, o mesmo devendo fazer a onda de luz.

N: Isso não é tão simples quanto parece. As ondas sonoras se espalham no ar, as ondas do oceano na água. Toda onda tem de ter um meio material no qual caminhe. Mas a luz atravessa o vácuo, o mesmo não se dando com o som. Supor-se uma onda no espaço vazio não é, na realidade, supor-se onda alguma.

H: Sim, trata-se de uma dificuldade, embora não seja nova para mim. O meu mestre pensou nisso cuidadosamente e decidiu que a única saída é admitir-se a existência de uma substância hipotética, o *éter*, um meio transparente que permeia todo o Universo. O Universo está, por assim dizer, imerso no éter. Uma vez tenhamos a coragem de introduzir esse conceito, tudo o mais se torna claro e convincente.

N: Mas faço objeção a tal suposição. Em primeiro lugar, ela introduz uma nova substância hipotética, e já temos substâncias em demasia em física. Há ainda outra razão contra ela. Por certo você não duvida de que temos de explicar tudo em termos de mecânica. Que dizer do éter, nesse sentido? Estará você capacitado para responder à questão sobre como o éter é formado por suas partículas elementares e como ele se revela em outros fenômenos?

H: Sua primeira objeção é certamente justificada. Mas, introduzindo o éter destituído de peso e algo artificial, livramo-nos imediatamente dos corpúsculos de luz, muito mais artificiais. Temos apenas uma substância "misteriosa", em vez de um número infinito delas, correspondente ao grande número de cores do espectro. Não acha que isso seja de fato um progresso? Pelo menos todas as dificuldades são concentradas em um só ponto. Não mais necessitamos da suposição fictícia de que as partículas pertencentes a cores diferentes caminhem com a mesma velocidade no espaço vazio. O seu segundo argumento também é verdadeiro. Não podemos dar uma explicação mecânica do éter. Mas não há dúvida alguma quanto a que o estudo futuro dos fenômenos óticos e talvez de outros revelará a sua estrutura. No momento, devemos aguardar outras experiências e conclusões, mas finalmente estaremos, confio, capacitados para esclarecer o problema da estrutura mecânica do éter.

N: Deixemos a questão de lado por enquanto, pois não pode ser solucionada. Eu gostaria de ver como a sua teoria explica, mesmo que desatendamos às dificuldades, os fenômenos que são tão claros e compreensíveis à luz da teoria corpuscular. Tome-se, por exemplo, o fato de os raios de luz caminharem em linha reta *in vacuo* ou no ar. Um pedaço de papel colocado diante de uma vela produz uma sombra distinta e precisamente esboçada na parede. As sombras nítidas não seriam possíveis se a teoria ondulatória da luz fosse correta, pois as ondas se curvariam ao redor das bordas do papel e, assim, borrariam a sombra. Uma pequena embarcação não é um obstáculo para as ondas do mar, como você sabe; elas simplesmente se curvam ao redor dela, não projetando uma sombra.

H: Esse argumento não é convincente. Considere ondas curtas em um rio chocando-se com o lado de uma embarcação grande. As ondas que se originam em um dos lados da embarcação não serão vistas do outro lado. Se as ondas forem suficientemente pequenas e a embarcação suficientemente grande, aparece uma sombra muito distinta. É bem provável que a luz parece caminhar em linha reta somente pelo fato de o seu comprimento de onda ser muito pequeno em comparação com o tamanho dos obstáculos comuns e das aberturas usadas nas experiências. Possivelmente não ocorreria sombra alguma se pudéssemos criar uma obstrução suficientemente pequena. Encontraríamos grandes dificuldades experimentais na construção de aparato que mostraria se a luz é capaz de se curvar. Não obstante, se tal experiência pudesse ser realizada, seria crucial na decisão entre a teoria ondulatória e a teoria corpuscular da luz.

N: A teoria ondulatória poderá conduzir a novos fatos no futuro, mas não sei de quaisquer dados experimentais que a confirmem convincentemente. Não vejo razão alguma para não acreditar na teoria enquanto não for definitivamente provado pela experiência que a luz pode ser curvada, pois aquela teoria me parece mais simples e, portanto, melhor do que a teoria ondulatória.

A esta altura podemos interromper o diálogo, embora o assunto não esteja de modo algum esgotado.

Ainda está por ser mostrado como a teoria ondulatória explica a refração da luz e a variedade de cores. A teoria corpuscular é capaz disso, como sabemos. Começaremos com a refração, mas será útil considerarmos primeiro um exemplo que nada tem a ver com ótica.

Considere-se um espaço amplo no qual caminham dois homens, segurando cada um uma das extremidades de uma haste rígida. No início, ambos caminham diretamente para a frente, com a mesma velocidade. Enquanto a velocidade dos dois permanecer igual, seja ela grande ou pequena, a haste sofrerá um deslocamento paralelo; isto é, não gira ou muda de direção. Todas as posições consecutivas da haste são paralelas entre si. Mas imagine-se agora que durante um tempo que poderá ser tão curto quanto uma fração de segundo, os movimentos dos dois homens não sejam iguais. Que acontecerá? É claro que durante esse momento a haste girará, de modo que não mais será deslocada paralelamente à sua posição original. Quando as velocidades iguais são novamente adotadas, terá direção diferente da anterior. Isso é claramente mostrado na Figura 39. A mudança de direção ocorreu durante o intervalo de tempo em que as velocidades dos dois caminhadores eram diferentes.

Este exemplo nos permitirá compreender a refração de uma onda. Uma onda plana caminhando no éter esbarra com uma lâmina de vidro. Na Figura 40 vemos uma onda que apresenta uma frente relativamente larga ao caminhar. Uma frente de onda é um

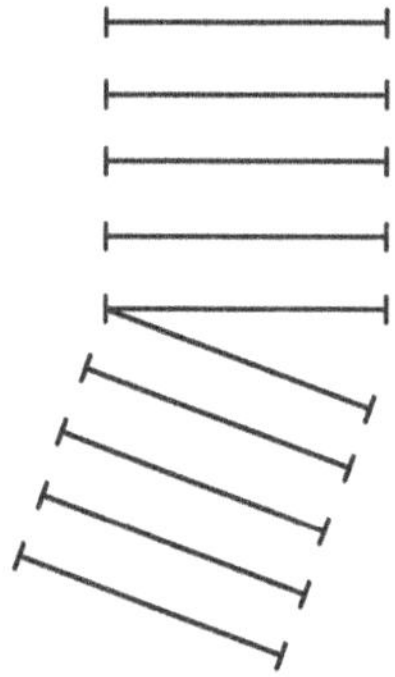

Figura 39

plano no qual, em qualquer momento dado, todas as partes do éter se comportam precisamente da mesma maneira. Como a velocidade do meio que esteja sendo atravessado pela luz, a velocidade através do vidro será diferente da velocidade através do espaço vazio. É claro que a parte que tenha atingido a lâmina de vidro caminhará com a velocidade da luz no vidro, enquanto a outra ainda se moverá com a velocidade da luz no éter. Em razão dessa diferença de velocidade ao longo da frente de onda durante o tempo de "imersão" no vidro, a direção da própria onda será modificada.

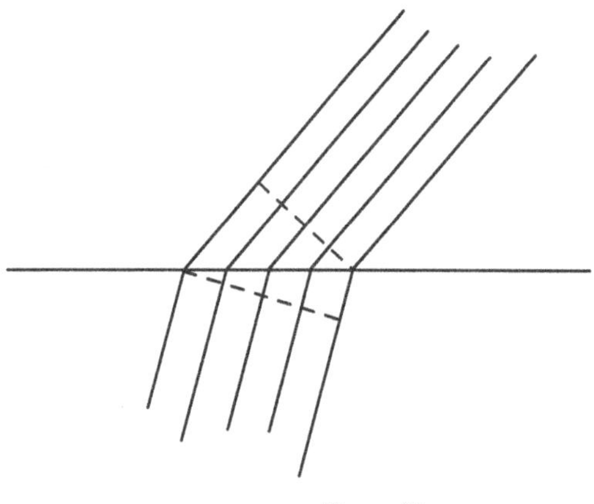

Figura 40

Vemos assim que não apenas a teoria corpuscular mas também a teoria ondulatória conduz a uma explicação da refração. Um pouco mais de consideração, juntamente com um pouco de matemática, mostra que a explicação pela teoria ondulatória é mais simples e melhor e que as consequências estão em perfeita concordância com a observação. Na verdade, os métodos quantitativos de raciocínio nos permitem deduzir a velocidade da luz em um meio refrativo se sabemos como o raio se refrata ao atravessá-lo. As medições diretas confirmam esplendidamente essas predições, e, assim, também a teoria ondulatória da luz.

Ainda resta a questão da cor.

Devemos estar lembrados de que a onda se caracteriza por dois números, o de sua velocidade e o de seu comprimento de onda. A suposição essencial da teoria ondulatória da luz é que *comprimentos de onda diferentes correspondem a cores diferentes.* O comprimento de onda da luz amarela homogênea difere do da vermelha ou violeta. Em vez de artificial segregação de corpúsculos pertencentes a várias cores, temos a diferença natural em comprimento de onda.

Segue-se que a experiência de Newton sobre a dispersão da luz pode ser descrita em duas linguagens diferentes, a da teoria corpuscular e a da teoria ondulatória. Por exemplo:

Linguagem Corpuscular	Linguagem Ondulatória
Os corpúsculos pertencentes a cores diferentes tem a mesma velocidade *in vacuo,* mas velocidades diferentes no vidro.	Os raios de comprimentos de onda diferentes pertencentes a cores diferentes tem a mesma velocidade no éter, mas velocidades diferentes no vidro.
A luz branca é uma composição de corpúsculos pertencentes a cores diferentes, enquanto, no espectro, eles são separados.	A luz branca é uma composição de ondas de todos os comprimentos, enquanto, no espectro, elas são separadas.

Seria prudente evitarmos a ambiguidade resultante da existência de duas teorias diferentes para os mesmos fenômenos, pela decisão em favor de uma delas após uma cuidadosa consideração das falhas e méritos de cada uma. O diálogo entre *N* e *H* mostra que não se trata de fácil tarefa. A decisão seria, a esta altura, mais uma questão de gosto do que de convicção científica. No tempo de Newton e durante mais de 100 anos depois, a maioria dos físicos favoreceu a teoria corpuscular. A história deu o seu veredicto em favor da teoria ondulatória da luz e contra a teoria corpuscular, em época muito posterior, em meados do século XIX. Em sua conversação com *H, N* declarou que uma decisão entre as duas teorias era, em princípio, experimentalmente possível. A teoria corpuscular não permite, que a luz faça a curva e exige a existência de sombras distintas. De acordo com a teoria ondulatória, por outro lado, um obstáculo suficientemente pequeno não projetará sombra alguma. No trabalho de Young e Fresnel esse resultado foi experimentalmente realizado, tendo sido tiradas conclusões teóricas.

Já discutimos uma experiência extremamente simples, segundo a qual um anteparo foi colocado diante de uma fonte luminosa, aparecendo uma sombra na parede. Simplificaremos ainda mais a experiência admitindo que a fonte emita luz homogênea. Para a obtenção dos melhores resultados a fonte deve ser forte. Imaginemos que o furo do anteparo seja tornado cada vez menor. Se usarmos uma fonte intensa e conseguirmos fazer um furo suficientemente pequeno, aparecerá um fenômeno novo e surpreendente, algo assaz incompreensível do ponto de vista da teoria corpuscular. Não mais haverá uma distinção nítida entre claridade e escuridão. A luz desvanece gradativamente no sentido do fundo negro, em uma série de anéis claros e escuros. O aparecimento de anéis é muito característico da teoria ondulatória. A explicação para as áreas claras e escuras alternadas será clara no caso de um arranjo experimental algo diferente.

Suponha-se que temos uma folha de papel escuro com dois furos de alfinete através dos quais a luz pode passar. Se os furos estiverem juntos e forem muito pequenos, e se a fonte de luz homogênea for suficientemente forte, aparecerão sobre a parede muitas faixas claras e escuras, desvanecendo gradativamente dos lados para o fundo escuro. A explicação é simples. Uma faixa escura é onde a cava de uma onda de um dos furos se encontra com a crista de uma onda do outro furo, de forma que as duas se anulam. Uma faixa iluminada é onde duas cavas ou duas cristas se encontram e se reforçam. A explicação é mais complicada no caso dos anéis claros e escuros de nosso exemplo anterior, em que usamos um anteparo com um furo, mas o princípio é o mesmo. Esse aparecimento de faixas claras e escuras no caso dos dois furos e dos anéis claros e escuros no caso de um furo deve ser mantido em mente, pois mais tarde voltaremos a uma discussão das duas figuras diferentes. As experiências aqui descritas mostram a *difração* da luz, o desvio da propagação retilínea quando dois furos ou obstáculos pequenos são colocados no caminho da onda de luz.

Com a ajuda de um pouco de matemática, podemos ir muito mais longe. É possível determinar quão grande ou, antes, quão pequeno deve ser o comprimento de onda para produzir uma determinada configuração. Assim, as experiências descritas nos permitem medir o comprimento de onda da luz homogênea usada como fonte. Para dar uma ideia de como são pequenos os números, citaremos dois comprimentos de onda, os que representam os extremos do espectro solar, isto é, o vermelho e o violeta.

Comprimento de onda de uma luz vermelha: 0,00008cm
Comprimento de onda de uma luz violeta: 0,00004cm

Não nos devemos deixar perturbar pelo fato de os números serem tão pequenos. O fenômeno da sombra distinta, isto é, o fenômeno da propagação retilínea da luz, só é observado na natureza porque todos os obstáculos e aberturas normalmente encontrados são extremamente grandes em comparação com os comprimentos de onda da luz. A luz só revela a sua natureza ondulatória quando são usados obstáculos e aberturas muito pequenas.

Mas a história da busca de uma teoria da luz não está de modo algum concluída. O veredicto do século XIX não foi cabal e definitivo. Todo o problema de decidir entre corpúsculos e ondas ainda existe para a física moderna, desta vez de uma forma muito mais profunda e intrincada. Aceitemos a derrota da teoria corpuscular da luz até reconhecermos a natureza problemática da vitória da teoria ondulatória.

9
Ondas luminosas longitudinais ou transversais?

Todos os fenômenos óticos que consideramos depõem em favor da teoria ondulatória. A curvatura da luz em torno de pequenos obstáculos e a explicação da refração são os mais fortes argumentos em seu favor. Guiados pelo ponto de vista mecânico, apercebemo-nos de que ainda há uma questão por ser solucionada: a determinação das propriedades mecânicas do éter. É essencial, para a solução desse problema, saber se as ondas luminosas são, no éter, longitudinais ou transversais. Em outras palavras: será a luz propagada como o som? Será a luz motivada por alterações na densidade do meio, de modo que as oscilações das partículas se deem na direção da propagação? Ou o éter se assemelha a uma gelatina elástica, um meio no qual somente as ondas transversais se podem formar e cujas partículas se movem em uma direção perpendicular àquela em que a própria onda caminha?

Tentemos, antes de resolver esse problema, decidir sobre que resposta deveria ser preferida. Obviamente, seria uma sorte para nós se as ondas luminosas fossem longitudinais. As dificuldades em idear um éter mecânico seriam muito mais simples nesse caso. A nossa imagem do éter pode muito bem ser algo parecido com a visão mecânica do gás que explica a propagação das ondas sonoras. Seria muito mais difícil formar-se uma ideia do éter transportando ondas transversais. Imaginar uma geleia como meio formado de partículas de tal forma que as ondas transversais se propaguem por seu intermédio não é fácil tarefa. Huygens acreditava que se revelaria "semelhante ao ar" e não "semelhante à geleia". Mas a natureza se importa pouquíssimo com as nossas limitações. Terá sido a natureza, neste caso, piedosa com os físicos que tentaram compreender todos os acontecimentos do ponto de vista mecânico? Para responder a essa pergunta temos de discutir algumas experiências novas.

Consideraremos em detalhe somente uma de muitas experiências capazes de nos fornecer uma resposta. Suponha-se disponhamos de uma lâmina muito delgada de cristal de turmalina, cortada de um determinado modo que não necessitamos descrever aqui. A lâmina de cristal deve ser delgada para que possamos ver uma fonte de luz através dela. Mas tomemos agora de duas lâminas dessas, colocando-as entre os nossos olhos e a luz. Que esperamos ver? Novamente um ponto luminoso, se as lâminas forem suficientemente delgadas. São muito boas as perspectivas de que a experiência confirme a nossa expectativa. Sem nos preocuparmos com a declaração de que seja uma questão de probabilidade, admitamos que de fato vemos o ponto luminoso através dos dois cristais. Mudemos agora gradativamente a posição de um dos cristais rodando-o. Essa declaração só faz sentido se o eixo em torno do qual se dá a rotação for fixo. Tomaremos para eixo a linha determinada pelo raio de luz que se desloca em direção aos nossos olhos. Isso significa que deslocamos todos os pontos de um dos cristais, exceto os que se situam no eixo. Acontece uma coisa estranha! A luz se vai tornando cada vez mais fraca, até que desaparece completamente. Reaparece com a continuação da rotação e obtemos de novo a visão quando é atingida a posição inicial.

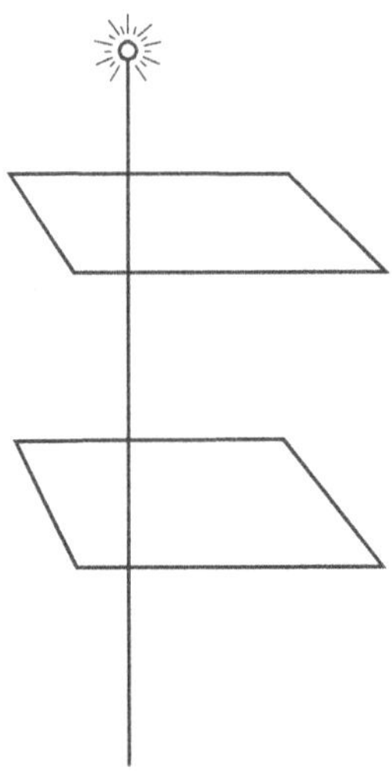

Figura 41

Sem entrarmos nos detalhes dessa experiência e de outras, podemos fazer a seguinte pergunta: poderão esses fenômenos ser explicados se as ondas luminosas forem longitudinais? No caso das ondas longitudinais, as partículas do éter se moveriam ao longo do eixo, como o faz o raio de luz. Nada se altera ao longo do eixo se o cristal gira. Os pontos situados no eixo não se movem e somente ocorre um deslocamento muito pequeno nas vizinhanças. Não poderia provavelmente verificar-se uma alteração tão distinta como o desaparecimento e o reaparecimento da visão no caso de uma onda longitudinal. Esses fenômenos e muitos outros semelhantes só podem ser explicados pela suposição de que as ondas luminosas sejam transversais e não longitudinais! Ou, em outras palavras, deve ser admitido o caráter "gelatinoso" do éter.

Isso é muito triste! Devemos estar preparados para enfrentar dificuldades tremendas na tentativa de descrever o éter mecanicamente.

10
O éter e o conceito mecânico

A discussão de todas as várias tentativas de compreender a natureza mecânica do éter como meio para a transmissão da luz formaria uma longa história. Uma construção mecânica significa, como sabemos, que a substância é edificada de partículas com forças atuando ao longo de linhas ligando essas partículas e dependentes apenas da distância. A fim de construir o éter como uma substância mecânica semelhante à geleia, os físicos tiveram de fazer suposições altamente artificiais e antinaturais. Não as repetiremos aqui; elas pertencem ao passado quase esquecido. Mas o resultado foi significativo e importante. O caráter artificial de todas essas suposições, a necessidade de introduzir tantas delas, todas assaz independentes umas das outras, bastaram para esmagar a crença no ponto de vista mecânico.

Mas há outras objeções ao éter, mais simples do que a dificuldade de sua construção. Deve admitir-se que o éter exista por toda parte, para que possamos explicar mecanicamente os fenômenos óticos. Não pode haver espaço vazio algum se a luz somente caminha em um meio.

No entanto, nós sabemos, através da mecânica, que o espaço interestelar não oferece resistência ao movimento dos corpos materiais. Os planetas, por exemplo, caminham através da geleia do éter sem encontrar qualquer resistência como o que um meio material ofereceria ao seu movimento. Se o éter não perturba a matéria em seu movimento, não pode haver interação alguma entre as partículas do éter e as da matéria. A luz atravessa o éter e também o vidro e a água, mas sua velocidade é alterada nestas duas últimas substâncias. Como pode esse fato ser explicado mecanicamente? Aparentemente, só admitindo-se alguma interação entre as partículas do éter e as da matéria. Vimos que não deve ser admitida a existência de tais interações no caso de corpos movendo-se livremente. Em outras palavras, há interação entre o éter e a matéria nos fenômenos óticos, mas nenhuma nos fenômenos mecânicos! Trata-se certamente de conclusão muito paradoxal!

Parece só haver uma saída dessas dificuldades. Na tentativa de compreender os fenômenos da natureza do ponto de vista mecânico, foi necessário, através de todo o desenvolvimento da ciência, até ao século XX, introduzir substâncias artificiais como os fluidos elétrico e magnético, os corpúsculos de luz, ou o éter. O resultado foi a concentração de todas as dificuldades em uns poucos pontos essenciais, tais como o éter, no caso dos fenômenos óticos. Aqui, todas as tentativas infrutíferas de construir um éter de algum modo simples, bem como as outras objeções, parecem indicar que a falha está na suposição fundamental de que seja possível explicar todos os acontecimentos da natureza de um ponto de vista mecânico. A ciência não teve êxito em realizar convincentemente o programa mecânico e hoje em dia nenhum físico acredita na possibilidade de seu cumprimento.

Em nossa ligeira apreciação das principais ideias físicas encontramos alguns problemas que ainda não foram resolvidos, esbarramos com dificuldades e obstáculos que desencorajaram as tentativas de formular uma opinião uniforme e consistente sobre todos os fenômenos do mundo exterior. Havia a pista desaparecida da igualdade entre massa gravitacional e massa inercial, da mecânica clássica. Havia o caráter artificial dos fluidos elétrico e magnético. Havia, na interação entre a corrente elétrica e a agulha magnética, uma dificuldade não resolvida. Devemos estar lembrados de que essa força não age na linha que liga o fio e o polo magnético e depende da velocidade da carga em movimento. A lei expressando sua direção e sua grandeza era extremamente complicada. E, finalmente, havia a grande dificuldade relacionada com o éter.

A física moderna atacou todos esses problemas e os resolveu. Mas, na luta por essas soluções, foram criados problemas novos e mais profundos. Os nossos conhecimentos são agora mais amplos e mais profundos do que os dos físicos do século XIX, mas também o são as nossas dúvidas e as nossas dificuldades.

:Resumindo

Testemunhamos, nas velhas teorias dos fluidos elétricos e nas teorias corpuscular e ondulatória da luz", outras tentativas de aplicar o conceito mecânico. Mas encontramos graves dificuldades na aplicação ao campo dos fenômenos elétricos e óticos.

Uma carga em movimento age sobre uma agulha magnética. Mas a força, em vez de depender apenas da distância, depende também da velocidade da carga. A força não repele nem atrai, agindo perpendicularmente à linha que liga a agulha e a carga.

Em ótica, temos de decidir em favor da teoria ondulatória contra a teoria corpuscular da luz. As ondas se expandindo em um meio que consiste em partículas, com forças atuando entre elas, são, certamente, um conceito mecânico. Mas qual é o meio através do qual a luz se espalha e quais são suas propriedades mecânicas? Não há esperança alguma de reduzir os fenômenos óticos a fenômenos mecânicos antes de ser essa pergunta respondida. Mas as dificuldades de resolver esse problema são tão grandes que temos de desistir dele, desistindo também, assim, do conceito mecânico.

PARTE III

Campo, relatividade

1
O campo como representação

Durante a segunda metade do século XIX, ideias novas e revolucionárias foram introduzidas na física; abriram o caminho para novo ponto de vista filosófico, diferente do mecânico. Os resultados do trabalho de Faraday, Maxwell e Hertz levaram ao desenvolvimento da física moderna, à criação de novos conceitos, formando um novo quadro da realidade.

Nossa tarefa agora é descrever o rompimento ocasionado na ciência por esses novos conceitos e mostrar como eles ganharam gradativamente clareza e vigor. Tentaremos reconstruir logicamente a linha de progresso, sem nos importarmos muito com a ordem cronológica.

Os novos conceitos se originaram em conexão com os fenômenos da eletricidade, mas é mais simples apresentá-los, pela primeira vez, por intermédio da mecânica. Sabemos que duas partículas se atraem e que essa força de atração diminui com o quadrado da distância. Podemos representar esse fato de uma forma nova, e faremos isso, embora seja difícil compreender a vantagem disso. O pequeno círculo, na Figura 42, representa um corpo atraente, digamos, o Sol. Na realidade, o nosso diagrama deveria ser imaginado como um modelo no espaço, e não como um desenho em um plano. O nosso pequeno círculo representa, então, uma esfera no espaço, ou seja, o Sol. Um corpo, o chamado *corpo de prova*, levado a algum ponto nas vizinhanças do Sol, será atraído ao longo da linha que liga os centros dos dois corpos. Assim, as linhas de nossa Figura indicam a direção da força de atração do Sol para posições diferentes do corpo de prova. A seta em cada linha mostra que a força é dirigida para o Sol; isso significa que a força é uma atração. São as *linhas de força do campo gravitacional.* No momento, isso é apenas um nome, não havendo razão alguma para acentuá-lo mais. Há uma particularidade característica de nosso desenho que será frisada adiante. As linhas de força são construídas no espaço, onde não há matéria alguma presente. No momento, todas as linhas de força, ou, sucintamente, o *campo*, indicam apenas como se comportaria o corpo de provas caso colocado nas vizinhanças da esfera para a qual o campo é construído.

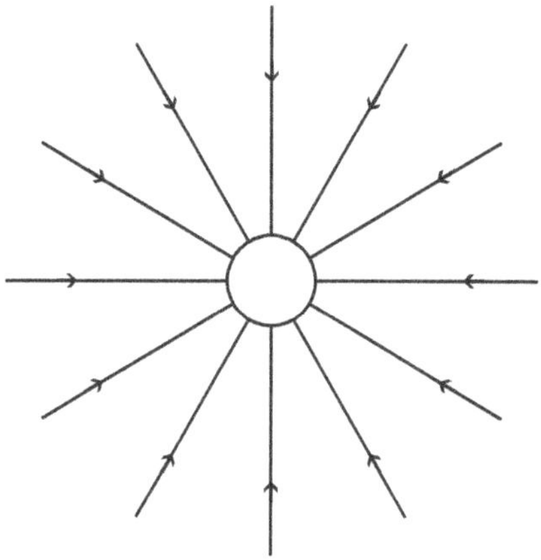

Figura 42

As linhas, em nosso modelo espacial, são sempre perpendiculares à superfície da esfera. Como divergem de um ponto, são densas perto da esfera, tornando-se cada vez menos numerosas quanto maior a distância. Se aumentarmos duas ou três vezes a distância da esfera, a densidade das linhas, em nosso modelo espacial – embora não no desenho – será quatro ou nove vezes menor, respectivamente. Assim, as linhas servem a um duplo propósito. De um lado, mostram a direção da força que atua sobre um corpo colocado nas vizinhanças da esfera-Sol; de outro, a densidade das linhas de força no espaço mostra como a força varia com a distância. O desenho do campo, corretamente interpretado, representa a direção da força gravitacional e sua dependência da distância. Pode-se ler a lei da gravitação na Figura, tão bem como em uma descrição da ação com palavras, ou na linguagem precisa e econômica da matemática. Essa *representação de campo*, como a chamaremos, pode parecer clara e interessante, mas não há razão alguma para se acreditar que marque qualquer progresso real. Seria difícil provar a sua utilidade no caso da gravitação. Alguns poderão, talvez, achar útil considerar essas linhas algo mais do que desenhos, imaginando as ações reais das forças a passar por elas. Isso poderá ser feito, mas, então, deverá admitir-se que a velocidade das ações ao longo das linhas de força seja infinitamente grande! A força entre dois corpos depende, de acordo com Newton, somente da distância; o tempo não entra em cena. A força não tem de passar de um corpo para o outro em tempo algum! Mas como o movimento com velocidade infinita não pode significar muito para uma pessoa razoável, uma tentativa de tomar nossa Figura algo mais do que um modelo a nada conduz.

Não nos propomos, contudo, discutir agora mesmo o problema gravitacional. Ele serviu apenas de introdução, simplificando a explicação de métodos similares de reflexão sobre a teoria da eletricidade.

Começaremos pela discussão de uma experiência que criou sérias dificuldades em nossa interpretação mecânica. Tínhamos uma corrente passando em um circuito de fio em forma de círculo. No meio do circuito, encontrava-se uma agulha magnética. No momento em que a corrente começou a fluir, apareceu uma nova força, atuando sobre o polo magnético, perpendicularmente a qualquer linha ligando o fio e o polo. Essa força, caso produzida pela carga circulante, dependia, conforme demonstrado pela experiência de Rowland, da velocidade da carga. Esses fatos experimentais contradisseram o ponto de vista filosófico de que todas as forças devem atuar ao longo da linha que liga as partículas e de que só podem depender da distância.

A expressão exata da força de uma corrente atuando sobre um polo magnético é muito complicada, muito mais, na verdade, do que a expressão das forças gravitacionais. Podemos, contudo, tentar visualizar as ações, da mesma forma como o fizemos no caso de uma força gravitacional. Nossa pergunta é: com que força a corrente atua sobre um polo magnético colocado em algum ponto em suas vizinhanças? Seria por demais difícil descrever essa força com palavras. Até mesmo uma fórmula matemática seria complicada e difícil de manejar. É melhor representarmos tudo o que sabemos sobre as forças atuantes por meio de um desenho, ou antes, por um modelo espacial, com linhas de força. Alguma dificuldade é ocasionada pelo fato de um polo magnético existir apenas em conexão com outro polo magnético, formando um dipolo. Podemos sempre, contudo, imaginar a agulha com tal comprimento que somente a força atuando sobre o polo mais próximo da corrente tenha de ser levada em conta. O outro polo está suficientemente afastado para que a força atuando sobre ele possa ser desprezada. Para evitar ambiguidade, diremos que o polo aproximado do fio é o *positivo*.

O caráter da força atuando sobre o polo magnético positivo pode ser depreendido da Figura 43.

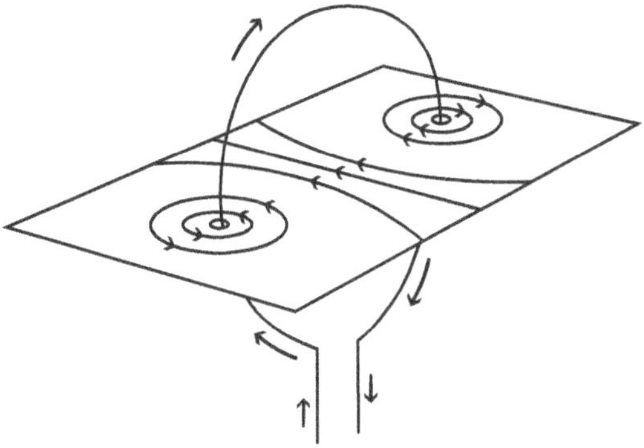

Figura 43

Primeiro, notamos uma seta perto do fio, indicando a direção da corrente, do potencial mais alto para o mais baixo. Todas as demais linhas são apenas linhas de força pertencentes a essa corrente e situadas em um certo plano. Caso apropriadamente desenhadas, elas nos indicam a direção do vetor de força representativo da ação da corrente sobre um dado polo magnético positivo, bem como algo sobre o comprimento desse vetor. Força é, como sabemos, um vetor, e, para determiná-lo, temos de conhecer tanto a sua direção como o seu comprimento. Estamos principalmente interessados no problema de uma força atuando sobre um polo. Nossa pergunta é: como poderemos encontrar, com o desenho, a direção da força em qualquer ponto no espaço?

A regra para ler a direção de uma força em tal modelo não é tão simples como em nosso exemplo anterior, em que as linhas de força eram retas. Na Figura 44, é desenhada apenas uma linha de força, a fim de esclarecer o procedimento. O vetor de força está sobre a tangente à linha de força, conforme indicado. A seta do vetor de força e as setas da linha de força apontam na mesma direção. Assim, essa é a direção em que a força age sobre um polo magnético nesse ponto. Um bom desenho, ou, melhor, um bom modelo também nos diz algo sobre o comprimento do vetor de força em qualquer ponto. Esse vetor tem de ser mais comprido onde as linhas sejam mais densas, isto é, perto do fio, mais curtas onde as linhas sejam menos densas, isto é, longe do fio.

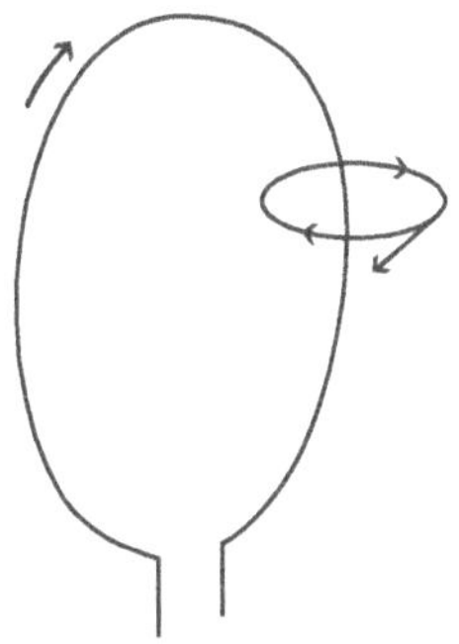

Figura 44

Desse modo, as linhas de força, ou, em outras palavras, o campo, nos permitem determinar as forças que atuam sobre um polo magnético em qualquer ponto no espaço. Isso é, por enquanto, a única justificativa para a nossa minuciosa construção do campo. Sabendo o que o campo expressa, examinaremos com interesse muito mais profundo as linhas de força correspondentes à corrente. Essas linhas são círculos envolvendo o fio e situadas no plano perpendicular àquele em que o fio se encontra. Lendo o caráter da força no desenho, chegamos uma vez mais à conclusão de que ela age em uma direção perpendicular a qualquer linha ligando o fio ao polo, porquanto uma tangente a um círculo é sempre perpendicular ao seu raio. Tudo o que sabemos sobre as forças atuantes pode ser resumido na construção de um campo. Colocamos o conceito de campo entre o de corrente e o de campo magnético a fim de representar as forças atuantes de maneira simples.

Toda corrente está ligada a um campo magnético, isto é, uma força sempre age sobre um campo magnético colocado próximo de um fio pelo qual passe uma corrente. Podemos anotar, de passagem, que essa propriedade nos permite construir aparelhos sensíveis para detectar a existência de uma corrente. Uma vez tendo aprendido como ler o caráter das forças magnéticas no modelo do campo de uma corrente, deveremos sempre desenhar o campo que circunda um fio pelo qual a corrente passe, a fim de representar a ação das forças magnéticas em qualquer ponto no espaço. O nosso primeiro exemplo é o chamado solenoide, que é, na realidade, uma espiral cilíndrica de fio como se vê na Figura. O nosso objetivo é aprender, pela experiência, tudo o que pudermos sobre um campo magnético relacionado a corrente fluindo por um solenoide e incorporar esse conhecimento à construção de um campo. Uma figura representa o nosso resultado. As linhas de força curvas são fechadas e envolvem o solenoide de um modo característico do campo magnético de uma corrente! (Veja a Figura 45.)

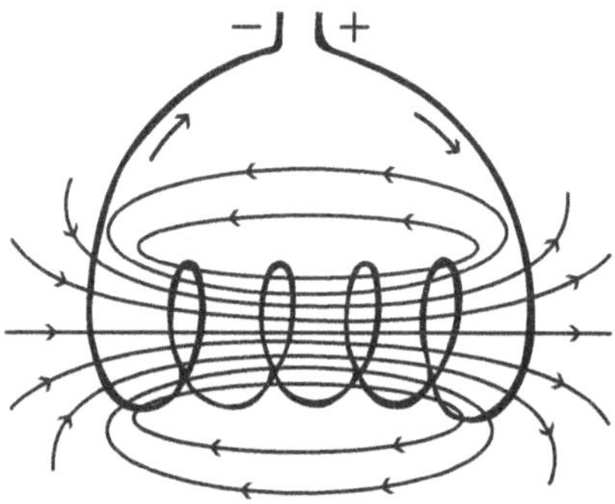

Figura 45

O campo de uma barra magnética ou ímã pode ser representado da mesma forma que o de uma corrente. A Figura 46 mostra isso. As linhas de força são dirigidas do polo positivo para o negativo. O vetor de força situa-se sempre sobre a tangente à linha de força e é mais comprido perto dos polos porque a densidade das linhas é maior nesses pontos. O vetor de força representa a ação do ímã sobre um polo magnético positivo. Neste caso, o ímã, e não a corrente, é a "fonte" do campo.

As duas últimas Figuras devem ser cuidadosamente comparadas. Na 45, temos o campo magnético de uma corrente fluindo através de um solenoide; na 46, o campo de uma barra-ímã.

Ignoremos tanto o solenoide como o ímã, observando apenas os dois campos externos. Notamos, de imediato, que são exatamente do mesmo caráter; em ambos os casos as linhas de força vão de uma das extremidades do solenoide ou do ímã para a outra.

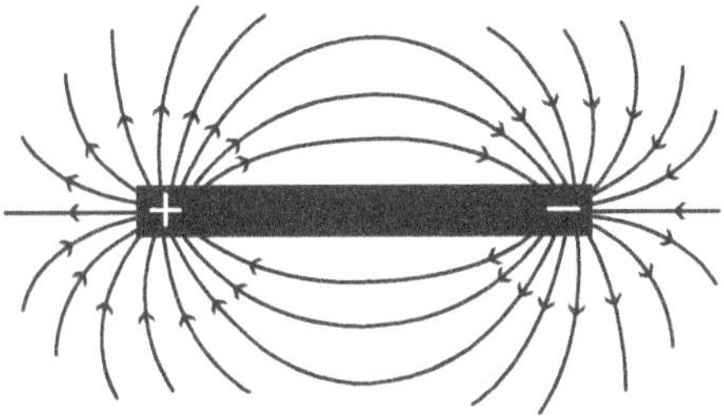

Figura 46

A representação do campo dá o seu primeiro fruto! Seria muito difícil ver-se qualquer semelhança entre a corrente fluindo em um solenoide e uma barra-ímã se aquela não fosse revelada por nossa construção de um campo.

O conceito de campo pode ser agora submetido a uma prova muito mais severa. Veremos dentro em breve se ele é algo mais do que uma nova representação das forças atuantes. Poderíamos raciocinar: admita-se, por momentos, que o campo caracteriza todas as ações determinadas por suas fontes de uma única maneira. Trata-se apenas de uma suposição. Isso significaria que, se um solenoide e uma barra-ímã têm o mesmo campo, então, todas as suas influências devem ser também iguais. Significaria que dois solenoides, portanto correntes elétricas, comportam-se como duas barras-ímã, que se atraem ou se repelem da mesma forma que duas barras-ímã. Sucintamente falando, significaria que todas as ações de um solenoide através do qual flui uma corrente, e as de uma barra-ímã correspondente, são idênticas, porquanto somente o campo é por elas responsável, e o campo é, em ambos os casos, do mesmo caráter. A experiência confirma plenamente a nossa suposição!

Como seria difícil encontrar esses fatos sem a ajuda do conceito de campo! A expressão de uma força atuando entre um fio pelo qual uma corrente flui e um polo magnético é muito complicada. No caso de dois solenoides, teríamos de investigar as forças com que duas correntes atuam entre si. Mas, se o fazemos com a ajuda do campo, notamos imediatamente o caráter de todas aquelas ações no momento em que é vista a semelhança entre o campo de um solenoide e o de uma barra-ímã.

Temos o direito de considerar o campo como algo mais do que o consideramos de início. As propriedades do campo parece serem, por si sós, essenciais à descrição dos fenômenos; a diferença de fontes não importa. O conceito de campo revela sua importância ao conduzir a novos fatos experimentais.

O conceito de campo provou ser muito útil. Começou como algo colocado entre a fonte e a agulha magnética a fim de descrever a força atuante. Era tido em conta de um "agente" da corrente, através do qual era desempenhada toda a ação da mesma. Mas agora o agente também atua como um intérprete que traduz as leis para uma linguagem simples e clara facilmente compreendida.

O primeiro sucesso da descrição do campo sugere que pode ser conveniente considerar-se indiretamente todas as ações das correntes, ímãs e cargas, isto é, com a ajuda do campo como um intérprete. Um campo pode ser considerado como algo sempre ligado a uma corrente. Está presente até mesmo na ausência de um polo magnético para indicar a sua existência. Tentemos seguir consistentemente essa nova pista.

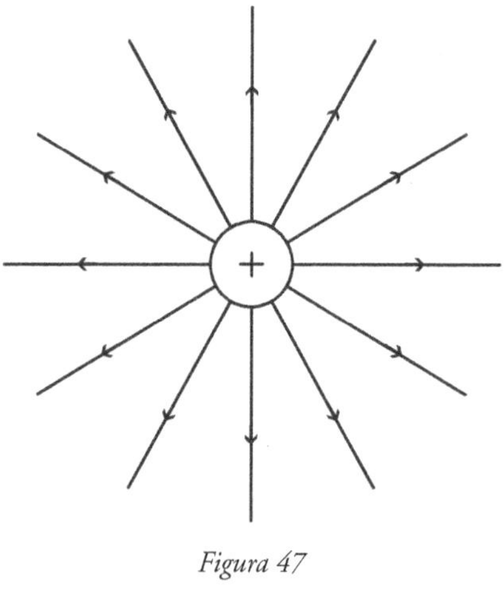

Figura 47

O campo de um condutor carregado pode ser introduzido exatamente do mesmo modo que o campo gravitacional ou campo de uma corrente ou de um ímã. De novo apenas o exemplo mais simples! Para desenhar o campo de uma esfera positivamente carregada, devemos procurar saber que tipo de forças estão agindo sobre um pequeno corpo de prova positivamente carregado colocado perto da fonte do campo, a esfera carregada. O fato de usarmos um corpo de prova positiva e não negativamente carregado é meramente uma convenção, indicando em que direção devem ser desenhadas as setas sobre a linha de força.

O modelo é análogo ao de um campo gravitacional (Figura 42), por causa da semelhança entre as leis de Coulomb e Newton. A única diferença entre os dois modelos está em as setas apontarem as direções opostas. Na verdade, temos a repulsão de duas cargas positivas e a atração de duas massas. Contudo, o campo de uma esfera com uma carga negativa será idêntico ao campo gravitacional, porquanto o pequeno corpo de prova positivo será atraído pela fonte do campo.

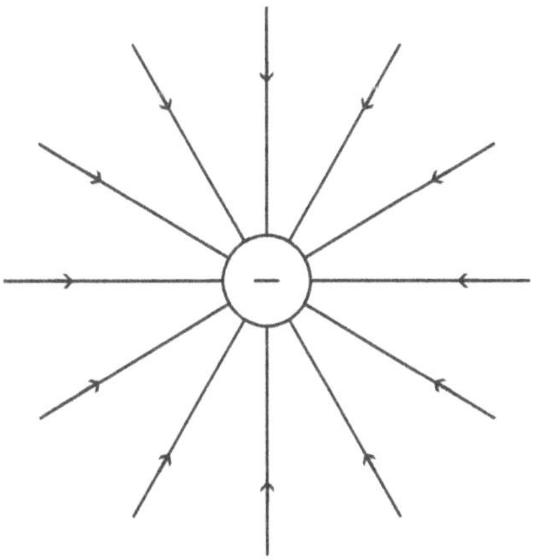

Figura 48

Se os polos elétrico e magnético estiverem ambos em repouso, não haverá ação alguma entre eles, nem atração nem repulsão. Expressando o mesmo fato na linguagem de campo, podemos dizer: um campo eletrostático não influi sobre um campo magnetostático e vice-versa. As palavras "campo estático" significam um campo que não muda com o tempo. Os ímãs e as cargas permaneceriam em repouso eternamente, lado a lado, se nenhuma força externa os perturbasse. Os campos eletrostático, magnetostático e gravitacional são, todos, de caráter diferente. Não se misturam; cada qual conserva sua individualidade independentemente dos outros.

Voltemos à esfera elétrica que estava, até agora, em repouso, e admitamos que comece a se mover em razão de alguma força externa. A esfera carregada se movimenta. Na linguagem de campo, essa sentença seria: o campo da carga elétrica muda com o tempo. Mas o movimento dessa esfera é, como já sabemos graças à experiência de Rowland, equivalente a uma corrente. Mais ainda, é acompanhada de um campo magnético. Assim, a cadeia de nosso argumento é:

movimento de carga → alteração de um campo magnético
↓
corrente → campo magnético associado.

Concluímos, portanto: *A alteração de um campo elétrico produzida pelo movimento de uma carga é sempre acompanhada de um campo magnético.*

A nossa conclusão é baseada na experiência de Oersted, mas abrange muito mais. Contém o reconhecimento de que a associação de um campo elétrico que muda com o tempo, com um campo magnético, é essencial para o nosso argumento posterior.

Enquanto uma carga está em repouso, há apenas um campo eletrostático. Mas um campo magnético aparece assim que a carga começa a se mover. Podemos dizer mais. O campo magnético criado pelo movimento da carga será mais forte se a carga for maior e se esta se mover mais rapidamente. Isso também é uma consequência da experiência de Rowland. Usando mais uma vez a linguagem de campo, podemos dizer: quanto mais rapidamente se alterar o campo elétrico, tanto mais forte será o campo magnético acompanhante.

Tentamos aqui traduzir fatos familiares da linguagem dos fluidos, construída de acordo com o velho conceito mecânico, para a nova linguagem dos campos. Veremos depois como a nossa nova linguagem é clara, instrutiva e de grande alcance.

2
Os dois pilares da teoria de campo

"A alteração de um campo elétrico é acompanhada de um campo magnético." Se intercambiarmos as palavras "magnético" e "elétrico", essa sentença se tornará: "A alteração de um campo magnético é acompanhada de um campo elétrico." Somente uma experiência poderá determinar se essa declaração é ou não verdadeira. Mas a ideia de formular esse problema é sugerida pelo uso da linguagem de campo.

Há pouco mais de 100 anos, Faraday fez uma experiência que levou à grande descoberta das correntes induzidas.

A demonstração é muito simples. Necessitamos apenas de um solenoide ou de algum outro circuito, uma barra-ímã, e um dos muitos tipos de aparelhos para detectar a existência de uma corrente elétrica. Para começar, uma barra-ímã é mantida em repouso perto de um solenoide que forma um circuito fechado. Nenhuma corrente flui pelo fio, pois força alguma está presente. Há apenas o campo magnetostático do ímã, que não se altera com o tempo. A seguir, modificamos rapidamente a posição do ímã, seja removendo-o, seja aproximando-o mais do solenoide, conforme preferirmos. Nesse momento, aparecerá uma corrente por um curto espaço de tempo, logo desaparecendo. Sempre que a posição do ímã seja alterada, a corrente aparecerá e poderá ser detectada por um aparelho suficientemente sensível. Mas uma corrente significa – do ponto de vista da teoria de campo – a existência de um campo elétrico forçando o fluxo dos fluidos elétricos através do fio. A corrente, e, portanto, também o campo elétrico, desaparecem quando o ímã está novamente em repouso.

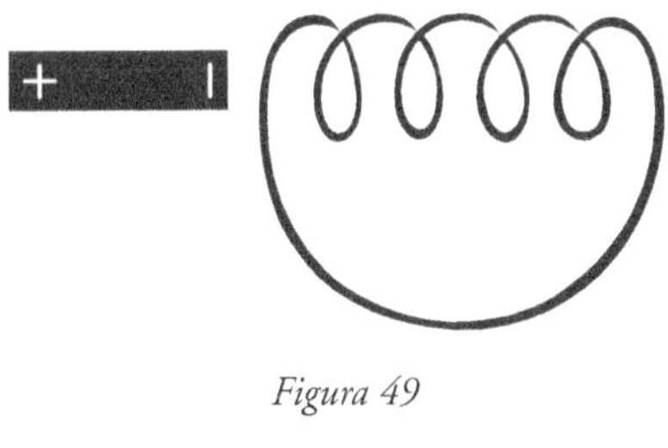

Figura 49

Imagine-se por momentos que a linguagem de campo é desconhecida e os resultados dessa experiência têm de ser qualitativa e quantitativamente descritos na linguagem dos velhos conceitos mecânicos. A nossa experiência então mostra: pela movimentação do dipolo magnético foi criada uma nova força, fazendo mover-se o fluido elétrico no fio. A pergunta seguinte seria: de que depende essa força? Seria muito difícil responder. Teríamos de investigar a dependência em que a força estaria da velocidade do ímã, de seu formato e do formato do circuito. Mais ainda, essa experiência, caso interpretada na velha linguagem, não nos fornece indício algum sobre se uma corrente induzida pode ser excitada pelo movimento de outro circuito portando uma corrente, em vez de pelo movimento de uma barra-ímã.

A coisa é muito diferente se usamos a linguagem de campo e novamente confiamos em nosso princípio de que a ação é determinada pelo campo. Vemos logo que um solenoide pelo qual circula uma corrente serviria tão bem quanto uma barra-ímã. O desenho mostra dois solenoides: um, pequeno, através do qual flui uma corrente; outro, maior, em que é detectada a corrente induzida. Poderíamos mover o solenoide pequeno, como movemos anteriormente a barra-ímã, criando uma corrente induzida no solenoide maior. Mais ainda, em vez de mover o solenoide pequeno, poderíamos criar e destruir um campo magnético pela criação e destruição da corrente, isto é, fechando e abrindo o circuito. Uma vez mais, fatos novos sugeridos pela teoria de campo são confirmados pela experiência!

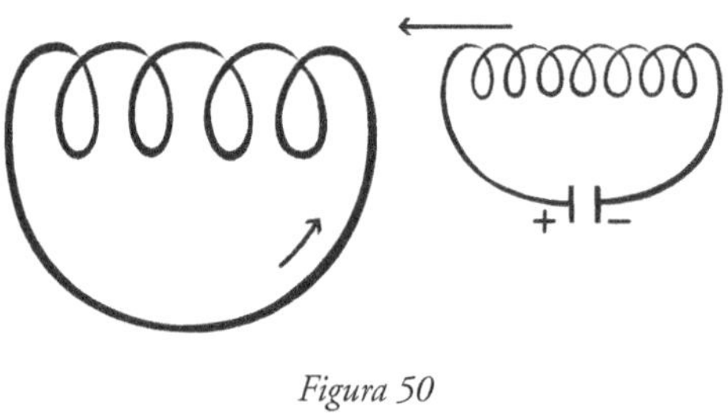

Figura 50

Consideremos um exemplo mais simples. Temos um fio fechado sem qualquer fonte de corrente. Em algum ponto nas vizinhanças encontra-se um campo magnético. Não nos importa se a fonte desse campo magnético for outro circuito pelo qual circule uma corrente elétrica ou uma barra-ímã. O desenho seguinte mostra o circuito fechado e as linhas de força magnéticas. A descrição qualitativa e quantitativa dos fenômenos da indução é muito simples em termos da linguagem de campo. Como está indicado no desenho, algumas linhas de força atravessam a superfície limitada pelo fio. Temos de considerar as linhas que cortam essa parte do plano que tem para borda o fio. Nenhuma corrente estará presente enquanto o campo não se alterar, independentemente da intensidade deste. Mas uma corrente começa a circular pelo fio-borda assim que se altera o número de linhas que atravessam a superfície circundada pelo fio. A corrente é determinada pela alteração do número de linhas que atravessam a superfície independentemente de como aquela tenha sido causada. Essa alteração do número de linhas de força é o único conceito essencial tanto para a descrição qualitativa como para a quantitativa da corrente induzida. "O número de linhas se altera" significa que a densidade das linhas se altera, e isso, como estamos lembrados, significa que a intensidade do campo se altera.

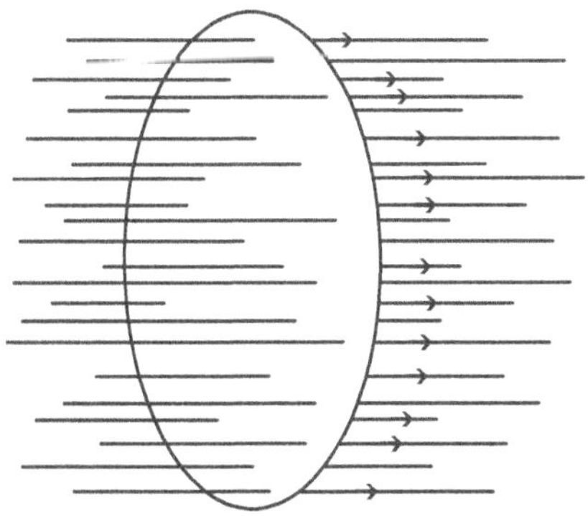

Figura 51

Eis, portanto, os pontos essenciais de nossa cadeia de raciocínios: alteração de campo magnético → corrente induzida → movimento de carga → existência de um campo elétrico.

Portanto: *um campo magnético em alteração é acompanhado de um campo elétrico.*

Encontramos, assim, os dois mais importantes pilares de sustentação da teoria do campo elétrico e magnético. O primeiro, é a conexão entre o campo elétrico em alteração e o campo magnético. Brotou da experiência de Oersted sobre a deflexão de uma agulha magnética e levou a esta conclusão: *um campo elétrico em alteração é acompanhado de um campo magnético.*

O segundo liga o campo magnético em alteração com a corrente induzida e brotou da experiência de Faraday. Ambos formaram uma base para a descrição quantitativa.

Novamente, o campo elétrico que acompanha o campo magnético em alteração aparece como algo real. Tivemos de imaginar, previamente, a existência do campo magnético de uma corrente sem o polo de prova. Do mesmo modo, devemos alegar aqui que o campo elétrico existe sem que o fio prove a presença de uma corrente induzida.

Na verdade, a nossa estrutura de dois pilares poderia ser reduzida a apenas um, a saber, aquele baseado na experiência de Oersted. O resultado da experiência de Faraday poderia ser deduzido daquele, com a lei da conservação da energia. Usamos a estrutura de dois pilares apenas a bem da clareza e da economia.

Deve ser mencionada mais uma consequência da descrição de campo. Considere-se um circuito através do qual circula uma corrente, tendo, por exemplo, por fonte de corrente uma bateria voltaica. A conexão entre o fio e a fonte de corrente é repentinamente interrompida. Não há agora, naturalmente, corrente alguma! Mas durante essa curta interrupção ocorre um processo intricado, processo esse que também poderia ter sido previsto pela teoria de campo. Antes da interrupção da corrente, havia um campo magnético envolvendo o fio. Esta deixou de existir no momento em que a corrente foi interrompida. Portanto, um campo magnético desapareceu por meio da interrupção de uma corrente. O número de linhas de força que atravessavam a superfície circundada pelo fio se alterou muito rapidamente. Mas tal alteração rápida deverá, independentemente de como seja produzida, criar uma corrente induzida. O que realmente importa é o fato de a alteração do campo magnético tornar a corrente induzida mais forte se a alteração for maior. Essa consequência é outra prova para a teoria. A desconexão de uma corrente deve ser acompanhada do aparecimento de uma corrente induzida forte, momentânea. A experiência novamente confirma a predição. Todo aquele que já tenha desligado uma corrente deve ter notado o aparecimento de uma centelha. Essa centelha revela as fortes diferenças de potencial ocasionadas pela rápida alteração do campo magnético.

O mesmo processo pode *ser* contemplado de um ponto de vista diferente, o da energia. Um campo magnético desapareceu e uma centelha foi criada. Uma centelha representa energia, e, portanto, o mesmo se deve dar com relação ao campo magnético. Para usar consistentemente o conceito de campo e sua linguagem, devemos considerar o campo magnético como um depósito de energia. Somente dessa maneira poderemos descrever os fenômenos elétricos e magnéticos de acordo com a lei da conservação da energia.

Começando como um modelo útil, o campo tornou-se cada vez mais real. Ajudou-nos a compreender velhos fatos e nos conduziu a outros novos. A atribuição de energia ao campo é mais um passo no desenvolvimento em que o conceito de campo foi cada vez mais acentuado, e os conceitos de substância, tão essenciais ao ponto de vista mecânico, foram cada vez mais suprimidos.

3
A realidade do campo

A descrição quantitativa, matemática das leis do campo está resumida nas chamadas equações de Maxwell. Os fatos até agora mencionados levaram à formulação dessas equações, mas seu conteúdo é muito mais rico do que pudemos indicar. Sua forma simples esconde uma profundidade somente revelada por cuidadoso estudo.

A formulação dessas equações foi o acontecimento mais importante em física desde a época de Newton, não apenas por sua riqueza de conteúdo, mas também porque elas formam um padrão para um novo tipo de lei.

As particularidades características das equações de Maxwell, presentes em todas as equações da física moderna, são resumidas em uma sentença. As equações de Maxwell são leis que representam a *estrutura* do campo.

Por que as equações de Maxwell diferirão em forma e caráter das equações da mecânica clássica? Que significa o fato de essas equações descreverem a estrutura do campo? Como é possível que, dos resultados das experiências de Oersted e Faraday, possamos formar um novo tipo de lei tão importante para o ulterior desenvolvimento da física?

Já vimos, pela experiência de Oersted, como um campo magnético se espirala em torno de um campo elétrico em alteração. Vimos, pela experiência de Faraday, como um campo elétrico se espirala em torno de um campo magnético em alteração. Focalizemos por momentos a nossa atenção sobre uma dessas experiências, digamos, a de Faraday, a fim de esboçar algumas das particularidades características da teoria de Maxwell. Repetimos a figura no qual uma corrente é induzida por um campo magnético em alteração. Já sabemos que uma corrente induzida aparece se o número de linhas de força que atravessam a superfície limitada pelo fio se altera. Então, a corrente aparecerá se o campo magnético se alterar ou se o circuito for deformado ou deslocado: se o número de linhas magnéticas que atravessam a superfície é alterado, independentemente de como essa alteração seja causada. A consideração de todas essas várias possibilidades e a discussão de suas influências particulares levariam a uma teoria muito complicada. Mas não poderemos, por acaso, simplificar o nosso problema? Tentemos eliminar de nossa consideração tudo o que se refira ao formato do circuito, ao seu comprimento, à superfície limitada pelo fio. Imaginemos que o circuito de nosso último desenho se vai tomando cada vez menor, encolhendo gradativamente até formar um circuito muito pequeno envolvendo um ponto no espaço. Então, tudo o que se relacione com o formato e o tamanho será irrelevante. Nesse processo limitativo, tamanho e formato desaparecem automaticamente de nossa consideração e obtemos leis relacionando as alterações do campo magnético e elétrico em um ponto arbitrário no espaço num instante arbitrário.

Assim, esse é um dos principais passos conducentes às equações de Maxwell. É novamente uma experiência idealizada imaginariamente, feita pela repetição da experiência de Faraday com um circuito que se retrai para um ponto.

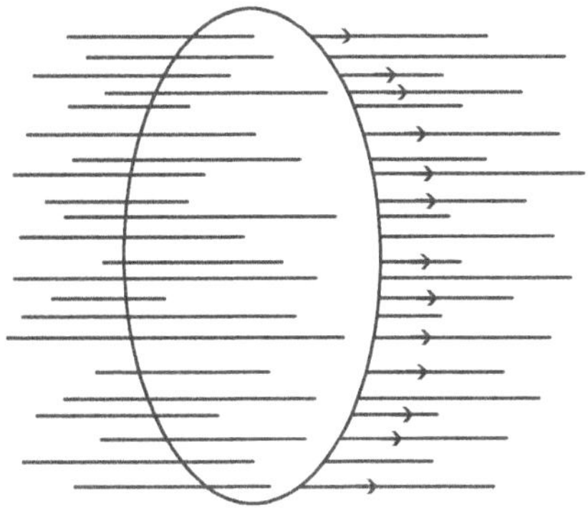

Figura 52

Deveríamos, na verdade, chamá-lo um meio passo em vez de um passo inteiro. Até então a nossa atenção se concentrou na experiência de Faraday. Mas o outro pilar da teoria de campo, baseada na experiência de Oersted, deve ser tão cuidadosamente considerado e de maneira semelhante. Nessa experiência, as linhas de força magnéticas se espiralam em torno da corrente. Retraindo as linhas de força magnéticas circulares para um ponto, é dado o segundo meio passo e o passo completo fornece uma conexão entre as alterações dos campos elétrico e magnético em um ponto arbitrário no espaço em um instante também arbitrário.

Mas ainda é necessário mais outro passo essencial. De acordo com a experiência de Faraday, deve haver um fio indicando a existência do campo elétrico, da mesma forma como deve haver um polo magnético ou uma agulha magnética a indicar a existência de um campo magnético na experiência de Oersted. Mas a nova ideia teórica de Maxwell vai além desses fatos experimentais. O campo elétrico e magnético ou, em suma; o campo *eletromagnético*, é, na teoria de Maxwell, algo real. O campo elétrico é produzido por um campo magnético em alteração, assaz independentemente de existir ou não um fio para indicar a sua existência; um campo magnético é produzido por um campo elétrico em alteração, haja ou não um polo magnético a indicar sua existência.

Assim sendo, dois passos essenciais conduziram às equações de Maxwell. O primeiro: levando-se em conta as experiências de Oersted e Rowland, a linha circular do campo magnético se espiralando em torno da corrente e do campo elétrico em alteração tinha de ser contraída para um ponto; considerando-se a experiência de Faraday, a linha circular do campo elétrico se espiralando em torno do campo magnético em alteração tinha de ser contraída para um ponto. O segundo passo consiste na percepção do campo como algo real; o campo eletromagnético, uma vez criado, existe, age e se altera de acordo com as leis de Maxwell.

As equações de Maxwell descrevem a estrutura do campo eletromagnético. Todo o espaço é o cenário dessas leis e não, como no caso das leis mecânicas, apenas pontos em que estão presentes matéria ou cargas.

Estamos lembrados de como era em mecânica. Conhecendo-se a posição e a velocidade de uma partícula em um único instante e conhecendo-se as forças atuantes, toda a trajetória futura da partícula poderia ser prevista. Na teoria de Maxwell, se conhecemos apenas o campo em um instante, podemos deduzir das equações da teoria como o campo inteiro se alterará no espaço e no tempo. As equações de Maxwell nos permitem seguir a história do campo, assim como as equações mecânicas nos permitiram seguir a história das partículas materiais.

Mas há ainda uma diferença essencial entre as leis mecânicas e as de Maxwell. Uma comparação entre as leis gravitacionais de Newton e as leis de campo de Maxwell acentuará algumas das particularidades características expressadas por essas equações.

Com a ajuda das leis de Newton, podemos deduzir o movimento da Terra, da força que atua entre o Sol e a Terra. As leis relacionam o movimento da Terra com a ação do longínquo Sol. A Terra e o Sol, a despeito de tão afastados entre si, são, ambos, atores na peça das forças.

Na teoria de Maxwell não há atores materiais. As equações matemáticas dessa teoria expressam as leis governadoras do campo eletromagnético. Não relacionam, como as leis de Newton, dois acontecimentos amplamente separados; não relacionam os acontecimentos daqui com as condições *de lá*. O campo *aqui* e *agora* depende do campo na *vizinhança imediata* em um tempo *recém-passado.* As equações nos permitem predizer o que acontecerá um pouco mais adiante no espaço e um pouco mais tarde no tempo, se sabemos o que acontece aqui agora. Elas nos permitem aumentar os nossos conhecimentos sobre o campo por pequenos passos. Podemos deduzir o que acontece aqui do que aconteceu longe, pela soma desses passos muito pequenos. Na teoria de Newton, pelo contrário, só são permissíveis grandes passos ligando acontecimentos distantes. As experiências de Oersted e Faraday podem ser reconquistadas pela teoria de Maxwell, porém somente pela soma de pequenos passos, cada um dos quais governado pelas equações de Maxwell.

Um estudo mais completo das equações de Maxwell mostra que podem ser tiradas conclusões novas e realmente inesperadas e que toda a teoria pode ser submetida a uma prova em nível muito mais elevado, porque as consequências teóricas são agora de um caráter quantitativo e reveladas por toda uma corrente de argumentos lógicos.

Imaginemos novamente uma experiência idealizada. Uma pequena esfera com uma carga elétrica é forçada, por alguma influência externa, a oscilar rapidamente e de maneira rítmica, como um pêndulo. Com os conhecimentos que já temos sobre as cargas do campo, como descreveremos tudo o que se está passando, na linguagem de campo?

A oscilação da carga produz um campo elétrico em alteração. Isso sempre se faz acompanhar de um campo magnético em alteração. Se um fio formando um circuito fechado é colocado nas vizinhanças, então novamente o campo magnético em alteração será acompanhado de uma corrente elétrica no circuito. Tudo isso é meramente uma repetição de fatos conhecidos, mas o estudo das equações de Maxwell dá uma compreensão muito mais profunda do problema da carga elétrica oscilante. Podemos, pela dedução matemática das equações de Maxwell, detectar o caráter do campo que envolve uma carga oscilante, sua estrutura perto e longe da fonte e sua alteração com o tempo. O fruto de tal dedução é a *onda eletromagnética.* Irradia energia da carga oscilante, caminhando com uma velocidade definida através do espaço; mas uma transferência de energia, o movimento de um estado, é característica de todos os fenômenos ondulatórios.

Já foram considerados tipos diferentes de onda. Tivemos a onda longitudinal causada pela esfera pulsante, em que as alterações de densidade eram propagadas através do meio. Tivemos o meio gelatinoso em que se espalhavam as ondas transversais. Uma deformação da geleia, ocasionada pela rotação da esfera, se movia através do meio. Que tipo de alterações se está agora espalhando, no campo de uma onda eletromagnética? Apenas as alterações de um campo eletromagnético! Toda alteração de um campo elétrico produz um campo magnético; toda alteração desse campo magnético produz um campo elétrico; toda alteração de... e assim por diante. Como campo representa energia, todas essas alterações que se espalham no espaço, com uma velocidade definida, produzem onda. As linhas de força elétricas e magnéticas estão sempre, conforme se deduz da teoria, em planos perpendiculares à direção da propagação. A onda produzida é, portanto, transversal. As particularidades originais do quadro que formamos com base nas experiências de Oersted e Faraday ainda são preservadas, mas agora reconhecemos que ele tem um significado mais profundo.

A onda eletromagnética se espalha no espaço vazio. Isso é, novamente, uma consequência da teoria. Se a carga oscilante cessa repentinamente de se mover, então, o seu campo se torna eletrostático. Mas a série de ondas criadas pela oscilação continua a se espalhar. As ondas levam uma existência: independente e a história de suas alterações pode ser seguida do mesmo modo como a de qualquer outro objeto material.

Estamos cônscios de que a nossa imagem de uma onda eletromagnética se espalhando com uma certa velocidade no espaço e se alterando no tempo resulta das equações de Maxwell somente porque estas descrevem a estrutura do campo eletromagnético em qualquer ponto no espaço e para qualquer instante.

Há outra questão muito importante. Com que velocidade se espalha a onda eletromagnética no espaço? A teoria dá uma resposta clara, com o apoio de alguns dados obtidos por experiências simples que nada têm a ver com a propagação real das ondas, *a velocidade de uma onda eletromagnética é igual à velocidade da luz.*

As experiências de Oersted e Faraday formaram a base sobre a qual foram construídas as leis de Maxwell. Todos os resultados até agora por nós obtidos decorreram de um cuidadoso estudo dessas leis, expressadas na linguagem de campo. A descoberta teórica de uma onda eletromagnética se propagando com a velocidade da luz é uma das maiores conquistas da história da ciência.

A experiência confirmou a predição da teoria. Há 50 anos, Hertz provou, pela primeira vez, a existência de ondas eletromagnéticas e confirmou experimentalmente que a sua velocidade é igual à da luz. Hoje, milhões de criaturas demonstram que ondas eletromagnéticas são enviadas e recebidas. Seus aparelhos são muito mais complicados do que o usado por Hertz e detectam a presença de ondas a milhares de quilômetros de suas fontes, em vez de a apenas alguns poucos metros.

4
Campo e éter

A onda eletromagnética é transversal e se propaga com a velocidade da luz no espaço vazio. O fato de a velocidade das duas ser igual sugere uma estreita relação entre os fenômenos óticos e eletromagnéticos.

Quando tivemos de escolher entre a teoria corpuscular e a teoria ondulatória, decidimos em favor da teoria ondulatória. A difração da luz foi o argumento mais forte que influiu sobre a nossa decisão. Mas não devemos contradizer qualquer das explicações dos fatos óticos admitindo que *a onda luminosa seja uma onda eletromagnética.* Pelo contrário, ainda outras conclusões podem ser tiradas. Se assim é realmente, então deve existir alguma conexão entre as propriedades óticas e elétricas da matéria que pode ser deduzida da teoria. O fato de conclusões desse tipo poderem ser realmente tiradas e de elas resistirem à prova da experiência constitui argumento essencial em favor da teoria eletromagnética da luz.

Esse grande resultado se deve à teoria de campo. Dois ramos da ciência aparentemente desassociados são abrangidos pela mesma teoria. As mesmas equações de Maxwell descrevem tanto a indução elétrica como a refração ótica. Se o nosso objetivo é descrever com a ajuda de uma teoria tudo o que já aconteceu ou pode vir a acontecer, então a união da ótica e da eletricidade é, indubitavelmente, um passo a frente muito grande. Do ponto de vista físico, a única diferença entre uma onda eletromagnética comum e uma onda luminosa é o comprimento de onda: este é muito pequeno para as ondas luminosas, detectadas pelo olho humano, e grande para as ondas eletromagnéticas, detectadas por um receptor de rádio.

O velho conceito mecânico tentou reduzir todos os acontecimentos da natureza a forças atuando entre partículas materiais. Baseou-se nesse ponto de vista mecânico a primeira teoria simples dos fluidos elétricos. O campo não existiu para o físico dos primórdios do século XIX. Ele tentou descrever a ação de duas cargas elétricas somente por conceitos diretamente referentes às duas cargas.

No início, o conceito de campo nada mais foi do que um meio para facilitar a compreensão de fenômenos do ponto de vista mecânico. Na nova linguagem de campo, é a descrição do campo entre duas cargas, e não as cargas em si, o que é essencial para uma compreensão de sua ação. O reconhecimento dos novos conceitos cresceu consistentemente, até que a substância foi ofuscada pelo campo. Percebeu-se que algo de grande importância havia aparecido em física. Uma nova realidade foi criada, um novo conceito para o qual não havia lugar na descrição mecânica. Lentamente e com luta, o conceito de campo firmou para si um lugar de predominância na física e permaneceu um dos conceitos físicos básicos. O campo eletromagnético é, para a física moderna, tão real quanto a cadeira em que nos sentamos.

Mas seria injusto considerar-se que o novo conceito de campo livrou a ciência dos erros da velha teoria dos fluidos elétricos ou que a nova teoria destrói as conquistas da velha teoria. A nova teoria mostra tanto os méritos como as limitações da velha teoria e nos permite voltar aos nossos velhos conceitos em um nível mais elevado. Isso é verídico não só no tocante às teorias de fluidos elétricos e de campo, mas também a todas as alterações das teorias físicas, por mais revolucionárias que possam parecer. Em nosso caso, ainda encontramos, por exemplo, o conceito de carga elétrica na teoria de Maxwell, embora a carga seja considerada apenas uma fonte de campo elétrico. A lei de Coulomb ainda é válida e está contida nas equações de Maxwell, das quais pode ser deduzida como uma das muitas consequências. Ainda podemos aplicar a velha teoria, sempre que os fatos dentro da região de sua validez são investigados. Mas podemos igualmente aplicar a nova teoria, porquanto todos os fatos conhecidos estão contidos no âmbito de sua validez.

Usando uma comparação, poderíamos dizer que criar uma nova teoria não é o mesmo que destruir um velho celeiro e erigir um arranha-céu em seu lugar. Assemelha-se mais a galgar uma montanha, alcançando paisagens novas e mais amplas, descobrindo conexões inesperadas entre o nosso ponto de partida e seu rico meio. Mas o ponto de que partimos ainda existe e pode ser visto, embora pareça menor e forme parte diminuta de nosso amplo panorama alcançado pela conquista dos obstáculos em nossa aventureira escalada.

Passou na verdade muito tempo antes que todo o conteúdo da teoria de Maxwell fosse reconhecido. O campo foi de início considerado algo que poderia ser depois mecanicamente interpretado com a ajuda do éter. Quando se percebeu que esse programa não poderia ser levado a termo, as conquistas da teoria de campo já se haviam tornado por demais impressionantes e importantes para que pudessem ser tocadas por um dogma mecânico. Por outro lado, o problema de criar o modelo mecânico do éter pareceu tornar-se cada vez menos interessante, e o resultado, em vista do caráter forçado e artificial das suposições, cada vez mais desencorajador.

Nossa única saída parece ser a de ter por fato consumado que o espaço tem a propriedade física de transmitir ondas eletromagnéticas, não nos importando muito com o significado dessa declaração. Ainda podemos usar a palavra éter, mas apenas para expressar alguma propriedade física do espaço. Essa palavra éter mudou de significado muitas vezes com o desenvolvimento da ciência. No momento, não mais representa um meio formado de partículas. Sua história, de modo algum acabada, é continuada pela teoria da relatividade.

5

O andaime mecânico

Ao chegar a esta altura de nossa história, devemos voltar ao princípio, à lei da inércia de Galileu. Vamos citá-la uma vez mais: "Todo corpo permanece em seu estado de repouso, ou de movimento uniforme em linha reta, se não for obrigado a mudar de estado por forças nele aplicadas."

Uma vez entendida a ideia de inércia, fica-se a cismar sobre que mais poderá ser dito a respeito. Conquanto esse problema já tenha sido completamente discutido, não está de modo algum esgotado.

Imagine-se um cientista sério que acredita que a lei da inércia pode ser provada ou condenada pela experiência real. Ele empurra pequenas esferas sobre uma mesa horizontal, tentando eliminar ao máximo possível o atrito. Nota que o movimento se torna mais uniforme conforme a mesa e as esferas vão se tornando mais lisas. Precisamente quando ele está para proclamar o princípio da inércia, alguém faz uma brincadeira prática com ele. O nosso físico trabalha em um cômodo sem janelas e sem qualquer comunicação com o mundo exterior. A pessoa que vai fazer a brincadeira instala algum mecanismo que lhe permite fazer com que todo o cômodo rode rapidamente em torno de um eixo que passa por seu centro. Assim que a rotação tem início, o físico tem experiências novas e inesperadas. A esfera, que se vinha deslocando uniformemente, tenta afastar-se o máximo possível do centro do cômodo e aproximar-se o máximo possível de suas paredes. Ele próprio sente uma força estranha a empurrá-lo contra a parede. Experimenta a mesma sensação que uma pessoa em um trem ou automóvel que se desloque em grande velocidade em uma curva, ou, ainda mais, em um carrossel. Todos os seus resultados vão por terra.

O nosso físico teria de rejeitar, com a lei da inércia, todas as leis mecânicas. A lei da inércia fora o seu ponto de partida; se ela é alterada, também o serão todas as suas outras conclusões. Um observador destinado a passar o resto de sua vida no cômodo giratório e a fazer dentro dele todas as suas experiências teria leis de mecânica diferentes das nossas. Se, contudo, ele entra no cômodo com um profundo conhecimento dos princípios físicos e uma firme convicção deles, sua explicação para o aparente desmoronar da mecânica seria a suposição de que o cômodo gira. Poderia até determinar como ele estava girando, por meio de experiências mecânicas.

Por que nos deveríamos interessar tanto pelo observador no cômodo giratório? Simplesmente porque nós, em nossa Terra, estamos, até certo ponto, na mesma situação. Desde o tempo de Copérnico sabemos que a Terra gira em torno de seu eixo e se move ao redor do Sol. Até mesmo essa ideia tão simples, conhecida de todos, não foi deixada intacta pelo progresso da ciência. Mas abandonemos essa questão por enquanto, aceitando o ponto de vista de Copérnico. Se o nosso observador giratório não pudesse confirmar as leis da mecânica, nós, na Terra, estaríamos também incapacitados para fazê-lo. Mas a rotação da Terra é relativamente lenta, de modo que o feito não é muito distinto. Não obstante, há muitas experiências que mostram um pequeno desvio das leis mecânicas, e sua consistência pode ser considerada uma prova da rotação da Terra.

Infelizmente não nos podemos colocar entre o Sol e a Terra para, lá, provar a exata validez da lei da inércia e ter uma visão da Terra girando. Isso só pode ser feito na imaginação. Todas as nossas experiências têm de ser feitas na Terra, em que somos compelidos a viver. O mesmo fato é com frequência expressado mais cientificamente: *a Terra é o nosso sistema coordenado.*

Vejamos um exemplo simples, para mostrar mais claramente o significado dessas palavras. Podemos predizer, em qualquer tempo, a posição de uma pedra que se deixa cair do alto de uma torre e confirmar a nossa predição pela observação. Se uma haste graduada qualquer for colocada ao lado da torre, poderemos predizer com que ponto da haste o corpo em queda coincidirá em qualquer momento dado. A torre e a haste não deverão, naturalmente, ser feitas de borracha ou de qualquer outro material que sofresse qualquer alteração durante a experiência. Na verdade, a haste graduada inalterável, rigidamente ligada à Terra, e um bom relógio, são tudo de que necessitamos, em princípio, para a experiência. Se dispusermos dessas coisas poderemos ignorar não apenas a arquitetura da torre, mas também a sua presença. As suposições precedentes são todas triviais, não sendo normalmente especificadas nas descrições de tais experiências. Mas esta análise mostra quantas suposições estão ocultas em cada uma de nossas declarações. Em nosso caso, admitimos a existência de uma barra rígida e de um relógio ideal, sem os quais seria impossível pôr à prova a lei de Galileu para os corpos cadentes. Com esse aparato físico simples, mas fundamental – uma haste graduada e um relógio –, podemos confirmar essa lei mecânica com certo grau de precisão. Cuidadosamente feita, essa experiência revela discrepâncias entre a teoria e a experiência, decorrentes da rotação da Terra ou, em outras palavras, do fato de as leis mecânicas, conforme aqui formuladas, não serem estritamente válidas em um sistema coordenado rigidamente unido à Terra.

Em todas as experiências mecânicas, sejam de que tipo forem, temos de determinar as posições de pontos materiais em algum tempo definido, tal como na experiência acima para um corpo em queda. Mas a oposição tem de ser sempre descrita com relação a algo, como no caso anterior, com relação à torre e à haste graduada. Devemos ter o que chamamos de *estrutura de referência*, um andaime mecânico, para podermos determinar as posições dos corpos. Ao descrever as posições de objetos e pessoas em uma cidade, as ruas e avenidas formam a estrutura à qual fazemos referência. Até agora não nos preocupamos em descrever a estrutura ao citar as leis da mecânica, porque vivemos na Terra e não há dificuldade alguma, em qualquer caso particular, em fixar uma estrutura de referência, rigidamente ligada à Terra. Essa estrutura, a que referimos todas as nossas observações, construída de corpos rígidos inalteráveis, é chamada *sistema coordenado*. Como essa expressão será usada com muita frequência, escreveremos simplesmente SC para representá-la.

Todas as nossas declarações sobre física até agora feitas careceram de algo. Não notamos o fato de que todas as observações têm de ser feitas em certo SC. Em vez de descrever a estrutura desse SC, simplesmente ignoramos sua existência. Por exemplo, quando escrevemos "um corpo se move uniformemente...", deveríamos ter escrito "um corpo se move uniformemente, com relação a um SC escolhido...". Nossa experiência com o cômodo giratório nos ensinou que os resultados das experiências mecânicas podem depender do SC escolhido.

Se dois SC giram relativamente um ao outro, então as leis da mecânica não podem ser válidas em ambos. Se a superfície da água de uma piscina, formando um dos sistemas coordenados, é horizontal, então no outro a superfície da água em piscina similar assume a forma curva conhecida de todo aquele que mexe o seu café com uma colher.

Ao formular as principais pistas da mecânica, omitimos um ponto importante. Não declaramos para que SC são válidas. Por essa razão, toda a mecânica clássica flutua no ar, pois não sabemos a que estrutura é referida. Contudo, deixemos essa dificuldade para trás por momentos. Faremos a suposição ligeiramente incorreta de que as leis da mecânica clássica são válidas em todo SC rigidamente unido à Terra. Isso é feito com o propósito de fixar o SC e tornar as nossas declarações definidas. Embora a nossa declaração de que a Terra é uma estrutura de referência apropriada não seja totalmente correta, vamos aceitá-la no momento.

Admitimos, portanto, que existe um SC para o qual as leis da mecânica são válidas. Será ele o único? Suponha-se que temos um SC tal como um trem, um navio ou um avião, movendo-se em relação à Terra. Serão as leis da mecânica válidas para esses novos SC? Sabemos definitivamente que não são sempre válidas, como, por exemplo, no caso de um trem fazendo uma curva, um navio agitado em uma tempestade, ou um avião fazendo um parafuso. Comecemos com um exemplo simples. Um SC se desloca uniformemente em relação ao nosso SC "bom", isto é, aquele no qual as leis da mecânica são válidas. Por exemplo, um trem ideal ou um navio ideal navegando maciamente em linha reta em velocidade sempre igual. Sabemos, pela experiência cotidiana, que ambos os sistemas serão "bons", que as experiências físicas realizadas em um trem ou navio que se desloque uniformemente dão resultados exatamente iguais aos obtidos sobre o solo. Mas se o trem para ou acelera repentinamente, ou se o mar estiver agitado, acontecerão coisas estranhas. No trem, as malas cairão dos porta-bagagens; no navio, as mesas e cadeiras serão jogadas de um lado para outro e os passageiros ficarão enjoados. Do ponto de vista físico, isso simplesmente significa que as leis da mecânica não podem ser aplicadas a esses SC, que eles são "maus" SC.

Esse resultado pode ser expressado pelo chamado *princípio de relatividade de Galileu: se as leis da mecânica são válidas em um SC, então elas são válidas em qualquer outro SC que se mova uniformemente em relação ao primeiro.*

Se temos dois SC que não se estejam deslocando uniformemente em relação um ao outro, as leis da mecânica não podem ser válidas em ambos. Aos sistemas coordenados "bons", isto é, àqueles para os quais as leis da mecânica são válidas, nós chamamos *sistemas inerciais.* A questão sobre se um sistema inercial de fato existe ainda não está solucionada. Mas, se existe um sistema inercial, então existe um número infinito deles. Todo SC que se desloque uniformemente em relação a um sistema inicial é também um SC inercial.

Consideremos o caso de dois SC partindo de uma posição conhecida e movendo-se uniformemente em relação um ao outro, com uma velocidade conhecida. Os que tenham predileção por imagens concretas poderão, com segurança, imaginar um trem ou um navio movendo-se em relação ao solo. As leis da mecânica podem ser experimentalmente confirmadas com o mesmo grau de precisão sobre o solo ou em um trem ou em um navio que se movam uniformemente. Mas surge uma dificuldade quando os observadores de dois sistemas começam a discutir as observações do mesmo acontecimento do ponto de vista de seus diferentes SC. Cada qual gostaria de traduzir as observações do outro para a sua própria linguagem. Novamente um exemplo simples: o mesmo movimento de uma partícula é observado de dois SC, o solo e um trem movendo-se uniformemente. São ambos sistemas inerciais. Será suficiente saber o que é observado em um SC para que se determine o que é observado no outro, caso sejam conhecidas as velocidades e posições relativas dos dois SC em algum momento? É essencial, para uma descrição de acontecimentos, saber como passar de um SC para outro, porquanto ambos são equivalentes e igualmente apropriados para a descrição dos acontecimentos da natureza. Na verdade, é inteiramente suficiente saber quais os resultados obtidos por um observador em um SC para saber quais os obtidos por um observador no outro.

Consideremos o problema de modo mais abstrato, sem navio ou trem. Para simplificar, investigaremos apenas o movimento em linha reta. Temos, então, uma haste rígida graduada e um bom relógio. A haste rígida representa um SC, no caso simples do movimento retilíneo, tão bem quanto o representou a haste graduada na torre, na experiência de Galileu. É sempre mais simples e melhor imaginar-se um SC como uma haste rígida no caso do movimento retilíneo, e como um andaime rígido construído de barras paralelas e perpendiculares, no caso de um movimento arbitrário no espaço, desprezando torres, paredes, ruas e coisas do gênero. Suponha-se que temos, em nosso caso mais simples, dois SC, isto é, duas hastes rígidas; dispomos uma acima da outra, chamando-as, respectivamente, SC "superior" e SC "inferior". Admitimos que os dois SC se movem com uma velocidade definida em relação um ao outro de modo que um desliza ao longo do outro. Não há perigo em admitir-se que ambas as hastes têm comprimento. infinito e têm pontos iniciais, mas não pontos terminais. Um relógio basta para os dois SC, pois o correr do tempo é o mesmo para ambos.

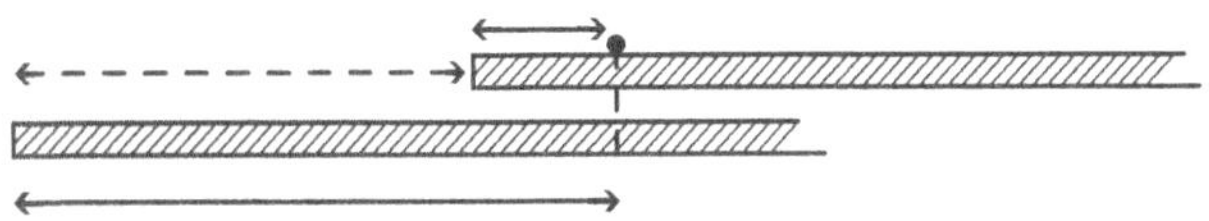

Figura 53

Quando começamos a nossa observação, os pontos de partida das duas hastes coincidem. A posição de um ponto material é caracterizada, nesse momento, pelo mesmo número em ambos os SC. O ponto material coincide com um ponto da escala da haste, dando-nos, assim, um número que determina a posição desse ponto material. Mas, se as hastes se movem uniformemente, uma em relação à outra, os números correspondentes às posições serão diferentes depois de algum tempo, digamos, um segundo. Considere-se um ponto material em repouso sobre a haste superior. O número determinante de sua posição sobre o SC superior não muda com o tempo, mas o número correspondente da haste inferior mudará. Em vez de dizer "o número correspondente a uma posição do ponto", diremos mais sucintamente, a *coordenada de um ponto.* Vemos assim, pela Figura 53, que, embora essa sentença pareça intricada, ela é, não obstante, correta e expressa algo muito simples. A coordenada de um ponto no SC inferior é igual à sua coordenada no SC superior, mais a coordenada da origem do SC superior relativamente ao SC inferior. O importante é que podemos sempre calcular a posição de uma partícula em um SC se conhecermos a posição no outro. Com esse propósito, temos de conhecer as posições relativas dos dois sistemas coordenados em questão a todo momento. Embora tudo isso soe erudito, é, na realidade, simples e dificilmente digno de tão detalhada discussão, exceto pelo fato de que nos será útil mais tarde.

Vale a pena notar a diferença entre a determinação da posição de um ponto e o tempo de um acontecimento. Todo observador tem sua própria haste que forma o seu SC, mas há apenas um relógio para todos eles. O tempo é algo "absoluto" que flui da mesma forma para todos os observadores em todos os SC.

Agora outro exemplo. Um homem caminha com a velocidade de três milhas por hora no tombadilho de um navio grande. Essa é a sua velocidade em relação ao navio, ou, em outras palavras, a um SC rigidamente ligado ao navio. Se a velocidade do navio for de 30 milhas por hora relativamente à costa e se as velocidades uniformes do homem e do navio tiverem, ambas, a mesma direção, então a velocidade do caminhante será de 33 milhas por hora relativamente a um observador situado na costa, ou três milhas por hora relativamente ao navio. Podemos formular esse fato de modo mais abstrato: a velocidade de um ponto material em movimento, relativamente ao se inferior, é igual à velocidade relativa ao SC superior, acrescida ou diminuída da velocidade do SC superior relativamente ao inferior, dependendo de terem as velocidades a mesma direção ou direções opostas. Podemos sempre, portanto, transformar não apenas posições, mas também velocidades, de um SC para outro, se sabemos as velocidades relativas dos dois SC. As posições ou coordenadas e velocidades são exemplos de quantidades que são diferentes em SC diferentes, ligadas entre si por certas *leis de transformação*, neste caso muito simples.

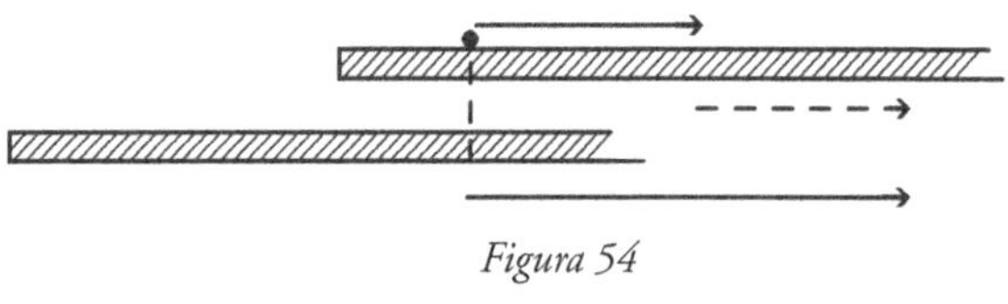

Figura 54

Existem, contudo, quantidades que são iguais em ambos os SC e para as quais não são necessárias leis de transformação. Tomem-se, para exemplo, não apenas um, mas dois pontos fixos sobre a haste superior e considere-se a distância entre eles. Essa distância é a diferença entre as coordenadas dos dois pontos. Para determinar as posições de dois pontos relativamente a SC diferentes, temos de usar leis de transformação. Mas, na construção das diferenças de duas posições, as contribuições dos SC diferentes se anulam e desaparecem, como se evidencia na Figura 55. Temos de adicionar e subtrair a distância entre as origens dos dois SC. A distância entre dois pontos é, portanto, *invariável*, isto é, independente da escolha do SC.

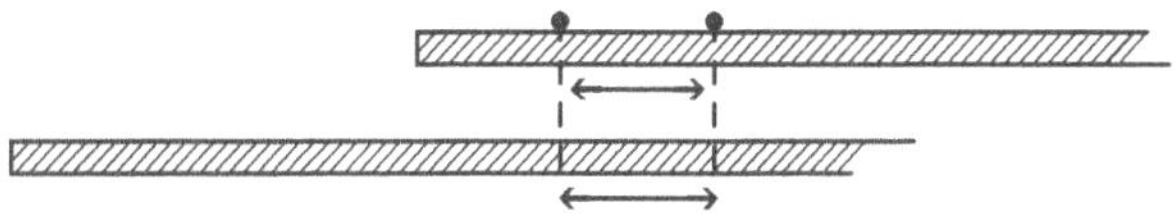

Figura 55

O próximo exemplo de uma quantidade independente do SC é a alteração de velocidade, um conceito que nos é familiar em mecânica. Novamente, um ponto que se move em linha reta é observado de dois SC. Sua mudança de velocidade é, para o observador em cada SC, uma diferença entre duas velocidades, e a contribuição feita pelo movimento uniforme relativo dos dois se desaparece quando a diferença é calculada. Assim sendo, a alteração de velocidade é uma invariável, embora apenas, naturalmente, com a condição de que o movimento relativo de nossos dois SC seja uniforme. De outro modo, a alteração de velocidade seria diferente em cada um dos dois SC, sendo a diferença originada pela alteração de velocidade do movimento relativo das duas hastes representativas de nossos sistemas coordenados.

Agora o último exemplo! Temos dois pontos materiais, com forças, que dependem apenas da distância, atuando entre eles. No caso do movimento retilíneo, a distância é invariável, e, portanto, também a força. A lei de Newton relacionando a força com a alteração de velocidade será, portanto, válida em ambos os SC. Chegamos novamente a uma conclusão que se confirma pela experiência cotidiana: se as leis da mecânica são válidas em um SC, então elas são válidas em todos os SC que se movam uniformemente em relação àquele. O nosso exemplo foi naturalmente muito simples, de um movimento retilíneo em que o SC pode ser representado por uma haste rígida. Mas nossas conclusões são geralmente válidas e podem ser assim resumidas:

1) não conhecemos regra alguma para determinar um sistema inercial. Dado um, contudo, podemos determinar um número infi-

nito deles, porquanto todos os se que se movem uniformemente uns em relação aos outros são sistemas inerciais se um deles o for;

2) o tempo correspondente a um acontecimento é o mesmo em todos os SC. Mas as coordenadas e as velocidades são diferentes, alterando-se de acordo com as leis de transformação;

3) embora as coordenadas e a velocidade se alterem ao passar de um SC para outro, a força e a alteração da velocidade e, portanto, as leis da mecânica são invariáveis relativamente às leis de transformação.

Às leis de transformação aqui formuladas para coordenadas e velocidades chamaremos de leis de transformação da mecânica clássica, ou, mais resumidamente, *transformação clássica.*

6
Éter e movimento

O princípio de relatividade de Galileu é válido para os fenômenos mecânicos. As mesmas leis da mecânica se aplicam a todos os sistemas inerciais que se movam relativamente uns aos outros. Será esse princípio válido também para fenômenos não mecânicos, especialmente para aqueles em que os conceitos de campo provaram ser tão importantes? Todos os problemas concentrados em torno dessa questão nos levam imediatamente ao ponto de partida da teoria da relatividade.

Estamos lembrados de que a velocidade da luz *in vacuo*, ou, em outras palavras, no éter, é de 186.000 milhas por segundo, e que a luz é uma onda eletromagnética espalhando-se através do éter. O campo eletromagnético porta uma energia que, uma vez emitida de sua força, vive uma existência independente. Por enquanto, continuaremos acreditando que o éter seja um meio através do qual as ondas eletromagnéticas, e, assim, também a luz, se propagam, embora estejamos perfeitamente cônscios das muitas dificuldades associadas à sua estrutura mecânica.

Estamos sentados em uma sala fechada de tal modo isolada que nenhum ar pode entrar ou escapar. Se ficarmos quietos e falarmos, estaremos, do ponto de vista físico, criando ondas sonoras que se espalham da sua fonte em repouso com a velocidade do som no ar.

Se não houvesse ar algum ou qualquer outro meio material entre a boca e os ouvidos, não poderíamos detectar um som. A experiência mostrou que a velocidade do som no ar é idêntica em todas as direções, se não houver vento algum e o ar estiver em repouso no SC escolhido.

Imaginemos agora que a nossa sala se move uniformemente através do espaço. Um homem do lado de fora vê, pelas paredes de vidro da sala (ou trem, caso se prefira) tudo o que se passa do lado de dentro. Das medições do observador interno ele pode deduzir a velocidade do som relativamente ao seu SC unido ao seu meio, relativamente ao qual a sala se move. Eis novamente o velho e discutidíssimo problema da determinação da velocidade em um SC quando ela já é conhecida em outro.

O observador do interior alega: a velocidade do som é, para mim, a mesma em todas as direções.

O observador de fora alega: a velocidade do som que se espalha na sala em movimento e determinada em meu SC não é idêntica em todas as direções. É maior do que a velocidade-padrão do som na direção do movimento da sala e menor na direção oposta.

Essas conclusões são tiradas da transformação clássica e podem ser confirmadas pela experiência. A sala carrega consigo o meio material, o ar através do qual as ondas sonoras são propagadas e as velocidades do som serão, portanto, diferentes para os observadores interno e externo.

Podemos tirar algumas outras conclusões da teoria do som como uma onda propagada através de um meio material. Uma das maneiras, embora não a mais simples, de não se ouvir o que uma pessoa está dizendo é correr com uma velocidade maior que a do som, relativamente ao ar que circunda o locutor. As ondas sonoras produzidas jamais serão, então, capazes de atingir os nossos ouvidos. Por outro lado, se perdêssemos uma palavra importante que jamais seria repetida, teríamos de correr com uma velocidade maior que a do som para alcançar a onda produzida e captar a palavra. Nada há de irracional em qualquer desses exemplos, exceto que, em ambos os casos, teríamos de correr com a velocidade de aproximadamente 400 jardas por segundo, e bem podemos imaginar que o desenvolvimento técnico posterior tornará tais velocidades possíveis*. Uma bala disparada de um canhão realmente se desloca com velocidade maior que a do som, e um homem postado sobre tal bala jamais ouviria o ruído do disparo.

Todos esses exemplos são de caráter puramente mecânico, e podemos agora formular uma questão importante: poderíamos repetir o que acaba de ser dito a respeito de uma onda sonora, no caso de uma onda luminosa? Seriam aplicáveis o princípio de relatividade de Galileu e a transformação clássica igualmente bem aos fenômenos óticos e elétricos? Seria arriscado responder a essas perguntas com um simples "sim" ou um simples "não" sem penetrarmos mais profundamente em seu significado.

No caso da onda sonora na sala, deslocando-se uniformemente em relação ao observador externo, os seguintes passos imediatos são muito essenciais para a nossa conclusão:

> A sala em movimento carrega o ar no qual a onda sonora se propaga.
> As velocidades observadas em dois SC movendo-se uniformemente um em relação ao outro estão ligadas pela transformação clássica.

O problema correspondente relativo à luz deve ser formulado de modo um pouco diferente. Os observadores da sala não mais estão falando, mas enviando sinais luminosos, ou ondas luminosas, em todas as direções. Admitamos ainda que as fontes emissoras dos sinais luminosos estejam em repouso permanente na sala. As ondas luminosas caminham através do éter da mesma forma como as ondas sonoras caminharam através do ar.

Será o éter carregado pela sala como foi o ar? Como não temos uma imagem mecânica do éter, é muito difícil responder a essa pergunta. Se a sala está fechada, o ar de seu interior é forçado a mover-se com ela. É inteiramente sem sentido pensar no éter dessa maneira, porquanto toda matéria está imersa nele e ele tudo penetra. Não há portas fechadas ao éter. A "sala em movimento" agora

*Quatrocentas jardas equivalem a aproximadamente 366 metros. Aos que não se tenham dado ao trabalho de ler o prefácio deste livro, passando diretamente ao texto, aconselhamos a leitura da *Apresentação* desta nova edição, em que Infeld se refere ao fato de os aviões a jato já terem ultrapassado a velocidade do som e dá outras explicações sobre a atualização da obra. (N. T.)

significa apenas um SC em movimento, ao qual a fonte de luz está rigidamente unida. Contudo, não está acima de nós imaginar que a sala se movendo com a sua fonte de luz carregue o éter consigo, da mesma forma como a fonte sonora e o ar foram carregados na sala fechada. Mas podemos igualmente imaginar o oposto: que a sala caminha através do éter como um navio em um mar perfeitamente calmo, não carregando qualquer parte do meio, mas deslocando-se através dele. Em nossa primeira imagem, a sala em movimento com a sua fonte de luz carrega o éter. É possível uma analogia com uma onda sonora, podendo-se tirar conclusões bem semelhantes. Na segunda imagem, a sala em movimento com a sua fonte de luz não carrega o éter. Não é possível analogia alguma com uma onda sonora, e as conclusões tiradas no caso da onda sonora não prevalecem para a onda luminosa. Essas são as duas possibilidades limitativas. Poderíamos imaginar a possibilidade ainda mais complicada de o éter ser apenas parcialmente carregado pela sala em movimento com a sua fonte luminosa. Mas não há razão alguma para discutirmos as suposições mais complicadas antes de determinar qual dos dois casos limitativos mais simples é favorecido pela experiência.

Começaremos com a nossa primeira imagem e admitiremos, por enquanto: o éter é carregado pela sala em movimento com a sua fonte de luz rigidamente a ela unida. Se acreditamos no princípio simples de transformação para as velocidades das ondas sonoras, podemos agora aplicar igualmente as nossas conclusões às ondas luminosas. Não há motivo algum para duvidarmos da simples lei de transformação mecânica, que apenas especifica que as velocidades devem ser adicionadas em certos casos e subtraídas em outros. No momento, admitiremos, portanto, tanto o carregamento do éter pela sala em movimento com a sua fonte luminosa como a transformação clássica.

Se eu ligo a luz e sua fonte está rigidamente unida à minha sala, então a velocidade do sinal luminoso tem o bem conhecido valor experimental de 186.000 milhas por segundo. Mas o observador externo notará o movimento da sala, e, portanto, o da fonte, e, como o éter é carregado com a sala, sua conclusão deverá ser: se o éter é carregado com a sala em movimento com a sua fonte de luz e se as leis mecânicas são válidas, então a velocidade da luz deverá depender da velocidade da fonte luminosa. A luz que chegasse aos nossos olhos vinda de uma fonte em movimento teria uma grande velocidade, se o movimento fosse em nossa direção, e menor, se fosse em direção oposta.

Se a nossa velocidade fosse maior do que a luz, estaríamos capacitados para fugir de um sinal luminoso. Veríamos ocorrências do passado ao alcançarmos ondas luminosas previamente emitidas. Nós as alcançaríamos em ordem inversa daquela em que teriam sido enviadas, e a sequência dos acontecimentos em nossa Terra se assemelharia à de uma película cinematográfica projetada de trás para frente, começando com um *happy ending*. Todas essas conclusões se seguem da suposição de que o SC em movimento carrega o éter e de que as leis de transformação mecânica são válidas. Se assim for, a analogia entre luz e som será perfeita.

Mas não há indicação alguma da veracidade dessas conclusões. Pelo contrário, elas são contraditadas por todas as observações feitas com a intenção de as provar. Não há dúvida alguma quanto à clareza desse veredicto, embora ele seja obtido por meio de experiências muito indiretas em vista das grandes dificuldades técnicas ocasionadas pelo enorme valor da velocidade da luz. *A velocidade da luz é sempre a mesma em todos os SC, independentemente de a fonte de luz estar ou não em movimento ou de como se mova.*

Não entraremos na descrição detalhada das muitas experiências das quais essa importante conclusão pode ser tirada. Podemos, contudo, usar alguns argumentos muito simples que, embora não provem que a velocidade da luz é independente do movimento da fonte, tornam esse fato convincente e compreensível.

Em nosso sistema planetário, a Terra e os outros planetas se movem em torno do Sol. Desconhecemos a existência de outros sistemas planetários similares ao nosso. Há, porém, muitíssimos sistemas de estrelas duplas, consistindo em duas estrelas se movendo em torno de um ponto chamado seu centro de gravidade. A observação do movimento dessas estrelas duplas revela a validade da lei da gravitação de Newton. Suponha-se agora que a velocidade da luz dependa da velocidade do corpo emissor. Então, a mensagem, isto é, o raio de luz da estrela, caminhará mais rapidamente ou mais lentamente, de acordo com a velocidade da estrela no momento em que o raio de luz for emitido. Neste caso, o movimento seria inteiramente perturbado e seria impossível continuar no caso de estrelas duplas distantes, a validez da mesma lei gravitacional que rege o nosso sistema planetário.

Consideremos outra experiência, baseada em ideia muito simples. Imagine-se uma roda girando muito rapidamente. De acordo com a nossa suposição, o éter é carregado pelo movimento, dele participando. Uma onda luminosa que passasse por perto da roda teria uma velocidade diferente, quando a roda estivesse em repouso, da que teria quando esta estivesse em movimento. A velocidade da luz no éter em repouso deveria diferir da velocidade da luz quando o éter estivesse sendo rapidamente levado de arrasto pelo movimento da roda, da mesma forma como a velocidade do som varia em dias calmos e em dias de vento. Mas tal diferença não é constatada! Seja qual for o ângulo sob o qual abordemos o assunto, ou seja que experiência crucial concebamos, o veredicto é sempre contra a suposição de ser o éter carregado pelo movimento. Assim, o resultado de nossas considerações, consubstanciado por argumento técnico mais detalhado, é:

> A velocidade da luz não depende do movimento da fonte emissora. Não se deve admitir que o corpo em movimento carregue consigo o éter que o envolve.

Devemos, portanto, abandonar a analogia entre ondas sonoras e luminosas, voltando-nos para a segunda possibilidade: a de que toda matéria se move através do éter, o qual não participa de modo algum do movimento. Isso significa admitirmos a existência de um mar de éter com todos os SC em repouso nele ou movendo-se em relação a ele. Suponha-se que deixamos de lado por algum tempo a questão sobre se a experiência prova ou rejeita essa teoria. Será melhor nós nos familiarizarmos mais com esta nova suposição e com as conclusões que podem ser tiradas dela.

Existe um SC em repouso relativamente ao mar etéreo. Em mecânica, nenhum dos muitos SC movendo-se uniformemente em relação uns aos outros poderia ser distinguido. Todos esses SC eram igualmente "bons" ou igualmente "maus". Se temos dois se movendo uniformemente, um em relação ao outro, não faz sentido perguntar-se, em mecânica, qual dos dois está em movimento e qual está em repouso. Só o movimento uniforme relativo pode ser observado. Não podemos falar de movimento uniforme absoluto por causa do princípio de relatividade de Galileu. Que se quer dizer com a declaração de que existe o movimento uniforme *absoluto* e não apenas o *relativo*? Simplesmente que existe um SC no qual algumas das leis da natureza são diferentes daquelas que existem em todos os demais. Também que todo observador pode determinar se o seu SC está em repouso ou em movimento pela comparação das leis nele válidas com as que o são no único que tem o monopólio absoluto de ser de SC-padrão. Há aqui um estado de coisas diferente do da mecânica clássica, em que o movimento uniforme absoluto é inteiramente sem sentido por causa da lei da inércia de Galileu.

Que conclusões podem ser tiradas no domínio dos fenômenos de campo se é admitido o movimento através do éter? Isso significa que existe um SC distinto dos outros, em repouso relativamente ao mar etéreo. É perfeitamente claro que algumas das leis da natureza deverão ser diferentes nesse SC, pois de outro modo a expressão "movimento no éter" não teria sentido. Se o princípio de relatividade de Galileu for válido, então o movimento no éter não faz sentido algum. É impossível reconciliar essas duas ideias. Se, contudo, existe um SC especial fixado pelo éter, então terá significado definido falar de "movimento absoluto" ou de "repouso absoluto".

Realmente não temos escolha. Tentamos salvar o princípio de relatividade de Galileu admitindo que os sistemas carregam o éter consigo em seu movimento, mas isso conduziu a uma contradição com a experiência. A única saída é abandonarmos o princípio de relatividade de Galileu e tentar a suposição de que todos os corpos se movem através do calmo mar etéreo.

O passo seguinte é considerar algumas conclusões que contradizem o princípio de relatividade de Galileu e coadjuvam o ponto de vista do movimento no éter, submetendo-as à prova por uma experiência. Tais experiências são fáceis de imaginar, mas de difícil realização. Como estamos interessados aqui apenas em ideias, não precisamos preocupar-nos com as dificuldades técnicas.

Voltamos novamente à nossa sala em movimento com dois observadores, um de dentro, outro de fora. O observador externo representará o SC-padrão, designado pelo mar etéreo. É o SC distinguido no qual a velocidade da luz tem sempre o mesmo valor-padrão. Todas as fontes de luz, estejam em repouso ou em movimento no mar etéreo, propagam luz com a mesma velocidade. A sala e seu observador se deslocam através do éter. Imagine-se que uma luz é ligada e desligada no centro da sala e, mais ainda, que as paredes da sala são transparentes, de modo que os observadores, tanto interno quanto externo, podem medir a velocidade da luz. Se perguntássemos aos dois observadores que resultados esperavam obter, suas respostas seriam mais ou menos as seguintes:

Observador externo: Meu SC é designado pelo mar etéreo. A luz tem sempre o valor-padrão em meu SC. Não preciso preocupar-me com o fato de a fonte de luz ou outros objetos estarem ou não em movimento, porque jamais carregam com eles o meu mar etéreo. O meu SC é distinguido de todos os demais e a velocidade da luz deve ter o seu valor-padrão neste SC, independentemente da direção do raio de luz ou do movimento de sua fonte.

Observador interno: A minha sala se move no mar etéreo. Umas das paredes se afasta da luz e a outra dela se aproxima. Se a minha sala caminhasse com a velocidade da luz relativamente ao mar etéreo, então a luz emitida do centro da sala jamais atingiria a parede que se afastasse com a velocidade da luz. Se a sala caminhasse com uma velocidade menor que a da luz, então uma onda enviada do centro da sala atingiria uma das paredes antes da outra. A parede que se deslocasse na direção da luz seria atingida antes daquela que se afastasse da onda luminosa. Portanto, embora a fonte de luz esteja rigidamente unida ao meu SC, a velocidade da luz não será a mesma em todas as direções. Será menor na direção do movimento relativamente ao mar etéreo quando a parede se afastar, e maior na direção oposta quando a parede se mover na direção da onda, tentando atingi-la mais cedo.

Assim, somente no SC distinguido pelo mar etéreo a velocidade da luz seria idêntica em todas as direções. No tocante a outro SC movendo-se relativamente ao mar etéreo, dependeria da direção em que estivéssemos fazendo a medição.

A experiência crucial que acabamos de considerar nos permite pôr à prova a teoria do movimento através do mar etéreo. Na verdade, a natureza coloca a nossa disposição um sistema que se move com velocidade razoavelmente elevada: a Terra em seu movimento anual em torno do Sol. Se a nossa suposição for correta, então a velocidade da luz na direção do movimento da Terra deverá diferir da velocidade da luz em direção oposta. As diferenças podem ser calculadas e uma prova experimental apropriada pode ser ideada. Em vista das pequenas diferenças de tempo decorrentes da teoria, têm de ser concebidos arranjos experimentais muito engenhosos. Isso foi feito na famosa experiência de Michelson-Morley. O resultado foi um veredicto de "morte" para a teoria do calmo mar etéreo no qual toda matéria se move. A dependência em que a velocidade da luz estaria da direção poderia ser determinada. Não apenas a velocidade da luz, mas também outros fenômenos de campo revelariam dependência da direção no SC em movimento se fosse admitida a teoria do mar etéreo. Todas as experiências deram o mesmo resultado negativo que a de Michelson-Morley e jamais revelaram qualquer dependência da direção do movimento da Terra.

A situação se torna cada vez mais séria. Duas suposições foram tentadas. A primeira, de que os corpos em movimento levam de arrasto o éter. O fato de a velocidade da luz não depender do movimento da fonte contradiz essa suposição. A segunda, de que existe um SC distinguido e de que os corpos em movimento não arrastam consigo o éter, antes caminhando em um mar etéreo sempre calmo. Se assim for, então o princípio de relatividade de Galileu não será válido e a velocidade da luz não poderá ser idêntica em todo SC. Estamos novamente em contradição com a experiência.

Foram tentadas outras teorias mais artificiais, com a suposição de que a verdade real estivesse em algum ponto entre esses casos limitativos: de que o éter é apenas parcialmente carregado pelos corpos em movimento. Mas todas falharam! Toda tentativa de explicar os fenômenos eletromagnéticos nos SC em movimento com a ajuda do movimento do éter, do movimento através do éter ou de ambos os movimentos, malograram.

Surgiu assim uma das situações mais dramáticas da história da ciência. todas as concepções relativas ao éter não conduziram a coisa alguma! O veredicto experimental foi sempre negativo. Rememorando o desenvolvimento da física, vemos que o éter, pouco depois de nascer, tornou-se o *enfant terrible* da família das substâncias físicas. Primeiro, a construção de uma imagem mecânica simples do éter provou ser impossível e foi abandonada. Isso ocasionou, em grande parte, a derrocada do ponto de vista mecânico. Segundo, tivemos de abandonar a esperança de que, por meio da presença do mar etéreo, um SC fosse distinguido e conduzisse ao reconhecimento do movimento absoluto e não apenas do movimento relativo. Essa seria a única maneira, além do fato de transportar as ondas, pela qual o éter marcaria e justificaria sua existência. Todas as nossas tentativas de tornar o éter real falharam. Ele não revelou nem sua construção mecânica nem o movimento absoluto. Nada restou de todas as propriedades do éter, exceto aquela para a qual fora inventado, isto é, sua capacidade de transmitir ondas eletromagnéticas. Nossas tentativas de descobrir as propriedades do éter conduziram a dificuldades e contradições. Após essas experiências más, é tempo de esquecermos o éter completamente e jamais tentarmos mencionar o seu nome. Diremos: o nosso espaço tem a propriedade física de transmitir ondas, omitindo, assim, o uso de uma palavra que decidimos evitar.

A omissão de uma palavra de nosso vocabulário não é, naturalmente, um remédio. Os nossos problemas são de fato por demais profundos para que possam ser resolvidos dessa maneira!

Relatemos agora por escrito os fatos que foram suficientemente confirmados experimentalmente, não mais nos preocupando com o problema do "é..r"

1) A velocidade da luz no espaço vazio tem sempre o seu valor-padrão, independentemente do movimento da fonte ou do receptor da luz.

2) Em dois SC que se movem uniformemente em relação um ao outro, todas as leis da natureza são exatamente idênticas e não há meio algum de distinguir o movimento uniforme absoluto.

Há muitas experiências para confirmar essas duas declarações e nenhuma para contradizer qualquer uma delas. A primeira declaração expressa o caráter constante da velocidade da luz e a segunda generaliza para todos os acontecimentos da natureza o princípio de gravidade de Galileu formulado para os fenômenos mecânicos.

Vimos em mecânica: se a velocidade de um ponto material for qualquer em relação a um SC, então será diferente em outro se que se mova uniformemente em relação ao primeiro. Isso se segue dos princípios simples de transformação mecânica. Eles nos são dados imediatamente por nossa intuição (o homem se movendo relativamente ao navio e à costa) e, aparentemente, nada pode haver aqui de errado! Mas essa lei de transformação está em contradição com o caráter constante da velocidade da luz. Ou, em outras palavras, acrescentamos um terceiro princípio:

3) Posições e velocidades são transformadas de um sistema inercial para outro de acordo com a transformação clássica.

A contradição é então evidente. Não podemos combinar (1), (2) e (3).

A transformação clássica parece por demais óbvia e simples para que se faça qualquer tentativa de alterá-la. Já tentamos alterar (1) e (2) e chegamos a um desacordo com a experiência. Todas as teorias relativas ao movimento do "é..r" exigiu uma alteração de (l) e (2). Isso de nada valeu. Uma vez mais percebemos o sério caráter de nossas dificuldades. É necessária uma nova pista. Ela é fornecida pela *aceitação das suposições fundamentais* (1) e (2), e, por estranho que pareça, pela *rejeição de* (3). A nova pista começa na análise dos conceitos mais fundamentais e primitivos; mostraremos como essa análise nos força a alterar os nossos velhos pontos de vista e remove todas as nossas dificuldades.

7
Tempo, distância, relatividade

São as seguintes as nossas novas suposições:

1) *A velocidade da luz* in vacuo *é a mesma em todos os SC que se movem uniformemente uns em relação aos outros.*
2) *Todas as leis da natureza são as mesmas em todos os* se *que se movem uniformemente uns em relação aos outros.*

A *teoria da relatividade* começa com essas duas suposições. De agora em diante não usaremos a transformação clássica, porque sabemos que ela contradiz as nossas suposições.

É essencial aqui, como sempre em ciência, desvencilhar-nos de preconceitos profundamente arraigados e com frequência não críticos. Como vimos que as alterações (1) e (2) levam a contradição com a experiência, devemos ter a coragem de declarar claramente sua validade e atacar o único ponto possivelmente fraco, a maneira pela qual posições e velocidades são transformadas de um SC para outro. É nossa intenção tirar conclusões de (1) e (2), ver onde e como essas suposições contradizem a transformação clássica e determinar o significado físico dos resultados obtidos.

Uma vez mais, será usado o exemplo da sala em movimento com os observadores interno e externo. Novamente, é emitido um sinal luminoso do centro da sala e mais uma vez perguntamos aos dois homens o que esperam observar, admitindo apenas os nossos dois princípios e esquecendo o que foi previamente dito com relação ao meio através do qual a luz caminha. Citamos suas respostas:

Observador interno: O sinal luminoso que caminha do centro da sala atingirá as paredes *simultaneamente*, porquanto todas as paredes estão equidistantes da fonte de luz e a velocidade da luz é a mesma em todas as direções.

Observador externo: Em meu sistema, a velocidade da luz é exatamente a mesma que no do observador que se move com a sala. Não me importa se a fonte de luz se move ou não em meu SC, porquanto seu movimento não influi sobre a velocidade da luz. O que vejo é um sinal luminoso caminhando com uma velocidade-padrão, idêntica em todas as direções. Uma das paredes está tentando fugir do sinal luminoso e a parede oposta está tentando aproximar-se dele. Portanto, a parede que se afasta será atingida pelo sinal um pouco mais tarde do que a que se aproxima. Embora a diferença seja diminuta se a velocidade da sala for pequena em comparação com a da luz, o sinal luminoso não atingirá simultaneamente as duas paredes opostas, que são perpendiculares à direção do movimento.

Comparando as predições de nossos dois observadores, encontramos um resultado, o mais surpreendente, que contradiz frontalmente os conceitos aparentemente bem fundamentados da física clássica. Dois acontecimentos, isto é, os dois raios de luz atingindo as duas paredes são simultâneos para o observador interno, mas não para o observador externo. Na física clássica, tínhamos um relógio, um escoamento do tempo, para todos os observadores em todos os SC. O tempo, e, portanto, palavras como "simultaneamente", "mais cedo" e "mais tarde" tinham um significado absoluto, independente de qualquer SC. Dois acontecimentos que ocorressem ao mesmo tempo em um SC, necessariamente ocorreriam simultaneamente em todos os outros SC.

As suposições (l) e (2), isto é, a teoria da relatividade, nos forçam a abandonar esse ponto de vista. Descrevemos dois acontecimentos ocorrendo ao mesmo tempo em um SC, mas em tempos diferentes em outro SC. Nossa tarefa é compreender sua consequência, compreender o significado da sentença: "Dois acontecimentos, que são simultâneos em um SC, poderão ou não ser simultâneos em outro SC."

Que queremos dizer por "dois acontecimentos simultâneos em um SC? Todos parecem saber intuitivamente o significado dessa sentença. Mas decidamos ser cautelosos e tentar dar definições rigorosas, pois sabemos como é perigoso superestimar a intuição. Respondamos primeiro a uma pergunta simples.

Que é um relógio?

A sensação subjetiva primitiva de escoamento do tempo nos permite ordenar as nossas impressões, julgar que um acontecimento ocorre mais cedo e outro mais tarde. Mas aquilo que mostrar que o intervalo de tempo entre dois acontecimentos é de dez segundos será na verdade relógio. Pelo uso do relógio, o conceito de tempo se toma objetivo. Qualquer fenômeno físico pode ser usado como relógio, desde que possa ser repetido quantas vezes se desejar. Tomando-se o intervalo entre o começo e o término de tal ocorrência para uma unidade de tempo, intervalos de tempo arbitrários poderão ser medidos pela repetição desse processo físico. Todos os relógios, desde a simples ampulheta até os mais aprimorados instrumentos, são baseados nessa ideia. No caso da ampulheta, a unidade de tempo é o intervalo que a areia gasta para se escoar do bulbo superior para o inferior. O mesmo processo físico pode ser repetido pela inversão da ampulheta.

Em dois pontos distantes, temos dois relógios perfeitos, indicando exatamente o mesmo tempo. Essa declaração deve ser verdadeira, independentemente do cuidado com que a verifiquemos.

Mas que significará realmente? Como nos podemos certificar de que relógios distantes indicam exatamente o mesmo tempo? Um método possível seria o uso da televisão. Deve ficar entendido que a televisão é usada apenas como um exemplo, não sendo essencial ao nosso argumento. Eu poderia postar-me ao lado de um dos relógios e observar a imagem televisionada do outro. Poderia então julgar se os dois estariam indicando simultaneamente o mesmo tempo. Mas não seria uma boa prova. A imagem televisionada é transmitida por meio de ondas eletromagnéticas, e, portanto, caminha com a velocidade da luz. Através da televisão, vejo uma imagem enviada em um tempo precedente muito curto, enquanto, no relógio que está perto de mim, vejo o que está ocorrendo no momento presente. Essa dificuldade pode ser facilmente evitada. Devo obter imagens de televisão dos dois relógios de um ponto equidistante de ambos e observá-los desse ponto central. Então, se os sinais forem enviados simultaneamente, todos me atingirão no mesmo instante. Se dois bons relógios observados do meio da distância entre eles indicarem sempre o mesmo tempo, então eles serão apropriados para designar o tempo de acontecimentos ocorridos em dois pontos distantes.

Em mecânica, usamos apenas um relógio. Mas isso não foi muito conveniente, porque tivemos de tomar todas as medidas nas vizinhanças desse relógio. Observando o relógio a uma distância, por exemplo, pela televisão, teremos sempre de nos lembrar que o que vemos agora realmente aconteceu mais cedo, da mesma forma como recebemos do Sol uma luz que foi emitida oito minutos antes. Teríamos de fazer correções, de acordo com a nossa distância do relógio, em todas as leituras de tempo.

É, portanto, inconveniente ter apenas um relógio. Agora, contudo, como sabemos como julgar se dois ou mais relógios indicam o mesmo tempo simultaneamente, e se funcionam da mesma maneira, podemos muito bem imaginar quantos relógios queiramos em um dado SC. Cada um deles nos ajudará a determinar o tempo dos acontecimentos que ocorram em suas vizinhanças. Todos os relógios estão em repouso relativamente ao SC. São relógios "bons" e estão *sincronizados*, o que quer dizer que indicam o mesmo tempo simultaneamente.

Nada há de especialmente surpreendente ou estranho nos argumentos sobre os nossos relógios. Estamos usando agora muitos relógios sincronizados em vez de apenas um, e podemos, portanto, julgar facilmente se dois acontecimentos em um dado SC são ou não simultâneos. Serão os relógios sincronizados se suas vizinhanças indicarem o mesmo tempo no instante em que ocorrerem os acontecimentos. A declaração de que um dos acontecimentos distantes ocorre antes do outro tem agora significação. Tudo isso pode ser julgado com a ajuda dos relógios sincronizados em repouso em nosso SC.

Isso está em concordância com a física clássica, e ainda não apareceu uma contradição que seja com a transformação clássica.

Para a definição de acontecimentos simultâneos, os relógios são sincronizados com a ajuda de sinais. É essencial, em nosso arranjo, que esses sinais caminhem com a velocidade da luz, a velocidade que desempenha papel importantíssimo na teoria da relatividade.

Como desejamos tratar do importante problema de dois SC movendo-se uniformemente um em relação ao outro, devemos considerar duas hastes, cada uma provida de relógios. O observador de cada um dos dois SC que se movem relativamente um ao outro tem agora a sua haste com o seu próprio conjunto de relógios a ela rigidamente unido.

Ao discutir as medições em mecânica clássica, usamos um relógio para todos os SC. Aqui, temos muitos relógios em cada SC. Essa diferença não é importante. Um relógio seria suficiente, mas ninguém poderia objetar ao uso de muitos, enquanto eles se comportarem como deveriam os relógios sincronizados decentes.

Estamos agora atingindo o ponto essencial que mostra onde a transformação clássica contradiz a teoria da relatividade. Que acontece quando dois conjuntos de relógios se movem uniformemente em relação um ao outro? O físico clássico responderia: nada; eles ainda têm o mesmo ritmo e podemos usar tanto os relógios em movimento como os relógios em repouso para indicar o tempo. De acordo com a física clássica, dois acontecimentos simultâneos em um SC também o serão em qualquer outro SC.

Mas essa não é a única resposta possível. Podemos igualmente bem imaginar um relógio em movimento com um ritmo diferente do ritmo do relógio em repouso. Discutamos agora essa possibilidade sem decidir, por enquanto, se os relógios mudam realmente ou não de ritmo em movimento. Que significa a declaração de que um relógio em movimento muda de ritmo? Admitamos, a bem da simplicidade, que temos apenas um relógio no SC superior e muitos no SC inferior. Todos os relógios têm o mesmo mecanismo e os inferiores são sincronizados, isto é, mostram o mesmo tempo simultaneamente. Desenhamos três posições subsequentes dos dois SC movendo-se um em relação ao outro. Na primeira parte da Figura, as posições dos ponteiros do relógio superior e dos relógios inferiores são, por convenção, idênticas pelo fato de os termos assim disposto. Todos os relógios indicam o mesmo tempo. Na segunda parte, vemos as posições relativas dos dois se algum tempo depois. Todos os relógios do SC inferior indicam o mesmo tempo, mas o relógio do SC superior está fora de ritmo. O ritmo está alterado, e o tempo difere porque o relógio SC está movendo em relação ao SC inferior. No terceiro desenho, vemos a diferença entre as posições dos ponteiros aumentada com o tempo.

Um observador em repouso no SC inferior constataria que um relógio em movimento muda de ritmo. Está claro que o mesmo resultado poderia ser encontrado se o relógio se movesse relativamente a um observador em repouso no SC superior; neste caso, teria de haver muitos relógios no SC superior e apenas um no inferior. As leis da natureza devem ser as mesmas em ambos os SC movendo-se um em relação ao outro.

Foi tacitamente admitido, em mecânica clássica, que um relógio em movimento não muda de ritmo. Isso pareceu tão óbvio que dificilmente valeu ser mencionado. Mas nada deve ser por demais óbvio; se desejamos ser realmente cuidadosos, devemos analisar as suposições até agora tidas por fato consumado em física.

Uma suposição não deve ser considerada irrazoável simplesmente por diferir da suposição da física clássica. Podemos muito bem imaginar que um relógio em movimento muda de ritmo, enquanto a lei dessa alteração for a mesma para todos os SC inerciais.

Ainda outro exemplo. Tome-se uma régua de um metro. Isso quer dizer que a régua terá um metro de comprimento enquanto estiver em repouso em um SC. Agora ela se move uniformemente,

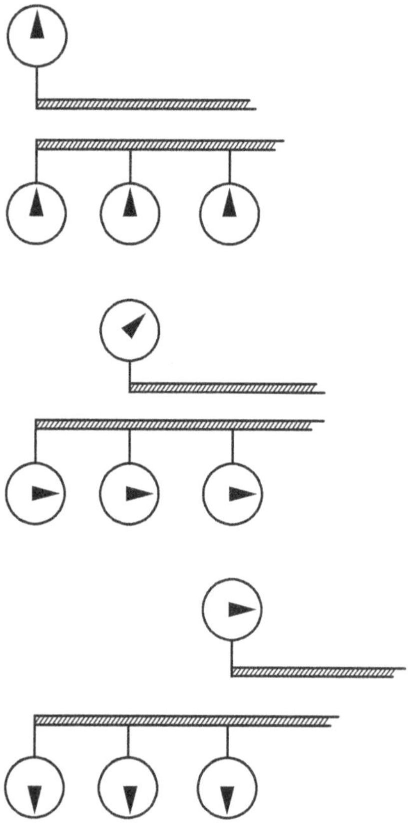

Figura 56

deslizando ao longo da haste representativa do SC. Seu comprimento ainda parecerá ser de um metro? Enquanto a régua estava em repouso, suas marcações extremas coincidiam com marcas distantes um metro entre si no SC. Disso concluímos: o comprimento da régua em repouso é de um metro. Como mediremos essa régua durante o movimento? Poderia ser feito como se segue. Em um dado momento, dois observadores batem fotografias, um da origem da régua e outro de sua extremidade. Como as fotografias são feitas simultaneamente, podemos comparar as marcas sobre a haste SC com as quais a origem e a extremidade da régua coincidem. Determinamos dessa maneira seu comprimento. Deve haver dois observadores para tomar nota de acontecimentos simultâneos em diferentes partes do SC dado. Não há razão alguma para se acreditar que os resultados de tais medições serão idênticos como no caso de uma régua em repouso. Como as duas fotografias tiveram de ser feitas simultaneamente, o que é, como já sabemos, um conceito relativo dependente do SC, parece bem possível que os resultados dessa medição sejam diferentes em SC diferentes movendo-se em relação um ao outro.

Podemos muito bem imaginar que não apenas o relógio em movimento muda de ritmo, mas também que uma régua em movimento muda de comprimento, enquanto as leis das alterações forem idênticas para todos os SC inerciais.

Estivemos apenas discutindo algumas possibilidades novas sem darmos qualquer justificativa para que as admitamos.

Estamos lembrados de que a velocidade da luz é idêntica em todos os SC inerciais. É impossível reconciliar esse fato com a transformação clássica. O circulo deve ser rompido em algum lugar. Não poderá ser aqui mesmo? Não poderemos admitir tais alterações no ritmo do relógio em movimento e no comprimento da régua em movimento de modo que a constância da velocidade da luz decorra diretamente dessas suposições? De fato podemos! Eis o primeiro caso em que a teoria da relatividade e a física clássica diferem radicalmente. Nosso arranjo pode ser invertido: se a velocidade da luz é a mesma em todos os SC, então as réguas em movimento deverão mudar de comprimento e os relógios em movimento deverão mudar de ritmo, e as leis governadoras dessas alterações estarão rigorosamente determinadas.

Nada há de misterioso ou irrazoável em tudo isso. Em física clássica, sempre se supôs que os relógios em movimento ou em repouso tinham o mesmo ritmo, que as réguas em movimento e em repouso tinham o mesmo comprimento. Se a velocidade da luz é a mesma em todos os SC, se a teoria da relatividade é válida, então devemos sacrificar essa suposição. É difícil livrar-nos de preconceitos profundamente arraigados, mas não há outro jeito. Do ponto de vista da teoria da relatividade, os velhos conceitos parecem arbitrários. Por que acreditarmos, como fizemos algumas páginas para trás, num tempo absoluto fluindo do mesmo modo para todos os observadores em todos os SC? Por que acreditarmos em distância inalterável? O tempo é determinado por relógios, as coordenadas espaciais por réguas, e o resultado de sua determinação pode depender do comportamento desses relógios e réguas quando em movimento. Não há razão alguma para acreditarmos que se comportarão da maneira que gostaríamos. A observação mostra, indiretamente, por meio dos fenômenos do campo eletromagnético, que um relógio em movimento muda de ritmo e uma régua muda de comprimento, enquanto, com base nos fenômenos mecânicos, não pensamos que isso acontecesse. Devemos aceitar o conceito de tempo relativo em todo SC, por ser a melhor maneira de sairmos de nossas dificuldades. O desenvolvimento científico ulterior, decorrente da teoria da relatividade, mostra que esse novo aspecto não deve ser considerado um *malum necessarium*, pois os méritos da teoria são demasiado marcantes.

Até então tentamos mostrar o que conduziu às suposições fundamentais da teoria da relatividade e como essa teoria nos forçou a rever e alterar a transformação clássica, tratando o tempo e o espaço de maneira nova. O nosso objetivo é indicar as ideias que formam a base de um novo ponto de vista físico e filosófico. Essas ideias são simples; mas, na forma em que foram aqui formuladas, são insuficientes para se chegar não apenas a conclusões qualitativas, mas também quantitativas. Usaremos novamente o nosso velho método de explicar apenas as ideias principais, enunciando algumas das outras sem prova.

Para tornar clara a diferença entre o ponto de vista do físico antigo, ao qual chamaremos *A*, e que acredita na transformação, e o do físico moderno, ao qual chamaremos *M*, e que conhece a teoria da relatividade, imaginaremos um diálogo entre eles.

A: Acredito no princípio de relatividade de Galileu em mecânica, porque sei que as leis da mecânica são idênticas em dois SC movendo-se uniformemente um em relação ao outro, ou, em outras palavras, que essas leis são invariáveis com respeito à transformação clássica.

M: Mas o princípio de relatividade deve aplicar-se a todos os acontecimentos de nosso mundo exterior. Não apenas as leis da mecânica, mas todas as leis da natureza, devem ser as mesmas nos SC que se movam uniformemente um em relação ao outro.

A: Mas como poderão todas as leis da natureza provavelmente ser as mesmas nos SC movendo-se um em relação ao outro? As equações de campo, isto é, as equações de Maxwell, não são invariáveis com respeito à transformação clássica. Isso é claramente mostrado pelo exemplo sobre a velocidade da luz. De acordo com a transformação clássica, essa velocidade não deve ser a mesma em dois SC movendo-se um em relação ao outro.

M: Isso meramente mostra que a transformação clássica não pode ser aplicada, que a conexão entre dois SC, deve ser diferente; que não podemos relacionar coordenadas e velocidades como é feito nessas leis de transformação. Devemos substituí-las por novas leis e deduzi-las das suposições fundamentais da teoria da relatividade. Não nos preocupemos com a expressão matemática dessa nova lei de transformação, dando-nos por satisfeitos com o fato de ela ser diferente da clássica. Iremos chamá-la, resumidamente, *transformação de Lorentz*. Pode ser demonstrado que as equações de Maxwell, isto é, as leis de campo, são invariáveis com respeito à transformação de Lorentz, da mesma forma como as leis da mecânica são invariáveis com respeito à transformação clássica. Lembremo-nos de como eram as coisas na física clássica. Tínhamos leis de transformação para coordenadas, leis de transformação para velocidade, mas as leis da mecânica eram as mesmas para dois SC movendo-se uniformemente um em relação ao outro. Tínhamos leis de transformação para o espaço, mas não para o tempo, porque o tempo era o mesmo em todos os SC. Aqui, contudo, a teoria da relatividade é diferente. Temos leis de transformação diferentes das clássicas para espaço, tempo e velocidade. Mas também as leis da natureza devem ser as mesmas para todos os SC movendo-se uniformemente um em relação ao outro. As leis da natureza devem ser invariáveis, não como antes, com respeito à transformação clássica, mas com respeito a um novo tipo de transformação, a chamada transformação de Lorentz. Em todos os SC, as mesmas leis são válidas e a transição de um SC para outro é dada pela transformação de Lorentz.

A: Confio na sua palavra, mas me interessaria saber qual a diferença entre as transformações clássica e de Lorentz.

M: Sua pergunta é mais bem respondida da seguinte maneira. Cite algumas das particularidades características da transformação clássica e tentarei explicar se são ou não preservadas na transformação de Lorentz, e, se não o forem, como são alteradas.

A: Se algo ocorre em algum tempo em meu SC, então um observador em outro SC movendo-se uniformemente em relação ao meu atribui um número diferente à posição em que esse acontecimento ocorre, mas, naturalmente, o mesmo tempo. Usamos o mesmo relógio em todos os nossos SC, e é indiferente que o relógio esteja ou não em movimento. Será isso também verídico para você?

M: Não, não é. Todo SC deve estar equipado com os seus próprios relógios em repouso, porquanto o movimento altera o ritmo. Dois observadores em dois SC diferentes atribuirão não apenas números diferentes à posição, mas também números diferentes para o tempo em que esse acontecimento ocorre.

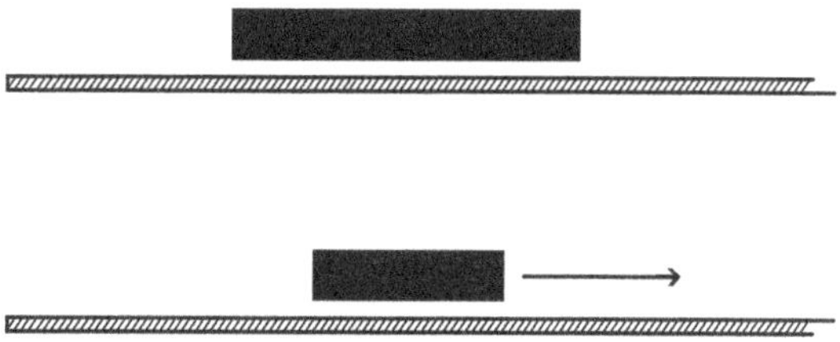

Figura 57

A: Isso significa que o tempo não mais é uma invariável. Na transformação clássica, é sempre o mesmo tempo em todos os SC. Na transformação de Lorentz, ele muda e de algum modo se comporta como a coordenada na antiga transformação. Gostaria de saber o que acontece quanto à distância. De acordo com a mecânica clássica, uma haste rígida conserva o seu comprimento em movimento ou em repouso. Será isso também verídico agora?

M: Não é. Na verdade, segue-se da transformação de Lorentz que uma régua em movimento se contrai na direção do movimento e a contração aumenta com o aumento da velocidade. Uma régua parecerá tanto mais curta quanto mais rapidamente se mover. Mas isso só ocorre na direção do movimento. Você vê, na Figura 57, uma régua em movimento que encolhe para a metade de seu comprimento quando se desloca com velocidade que se aproxima de cerca de 90% da velocidade da luz. Não há, contudo, contração na

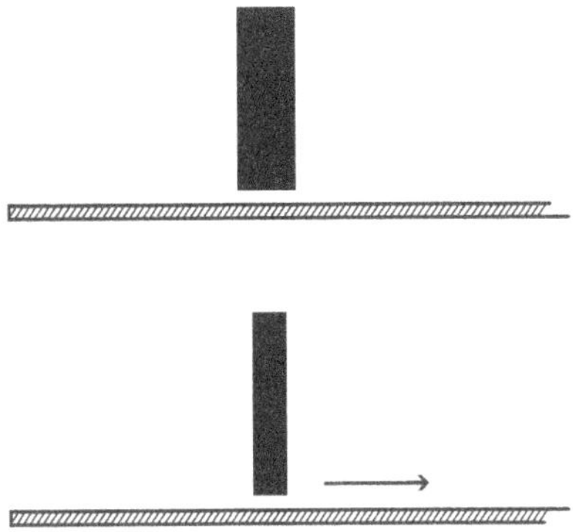

Figura 58

direção perpendicular ao movimento, conforme tentei ilustrar na Figura 58.

A: Isso significa que o ritmo de um relógio em movimento e o comprimento de uma régua em movimento dependem da velocidade. Mas como?

M: As alterações se tornam mais distintas com o aumento da velocidade. Segue-se da transformação de Lorentz que uma régua encolheria até ao nada se a sua velocidade igualasse a da luz. De modo similar, o ritmo de um relógio em movimento é retardado, em comparação com os relógios que ele ultrapassa ao longo da haste, e pararia, se o relógio se movesse com a velocidade da luz, isto se o relógio fosse "bom".

A: Isso parece contradizer toda a nossa experiência. Sabemos que um automóvel não se torna mais curto quando em movimento, e também sabemos que o motorista pode sempre comparar o seu relógio "bom" com aqueles por que passa no caminho, constatando que estão em razoável concordância, contrariamente à sua declaração.

M: Isso é certamente verdadeiro. Mas essas velocidades mecânicas são muito pequenas em comparação com a da luz, sendo, portanto, ridículo aplicar-se a relatividade a esses fenômenos. Todo motorista pode aplicar em segurança a física clássica ainda que aumente a sua velocidade 100 mil vezes. Só poderemos esperar desacordo entre a experiência e a transformação clássica com velocidades que se aproximem da velocidade da luz. Somente no caso de velocidades muito grandes pode a transformação de Lorentz ser posta à prova.

A: Mas há ainda outra dificuldade. De acordo com a mecânica, eu posso imaginar corpos com velocidade até maiores do que a da luz. Um corpo movendo-se com a velocidade da luz relativamente a um navio flutuando move-se com uma velocidade maior do que a da luz relativamente à costa. Que acontecerá à régua que encolheu até ao nada quando a sua velocidade era igual à da luz? Dificilmente poderemos esperar uma velocidade negativa se a velocidade for maior do que a da luz.

M: Não há, realmente, razão alguma para tal sarcasmo! Do ponto de vista da teoria da relatividade, um corpo material não pode ter uma velocidade maior do que a da luz. A velocidade da luz forma o limite superior das velocidades para todos os corpos materiais. Se a velocidade de um corpo é igual à da luz relativamente a um navio, sê-lo-á também relativamente à costa. A simples lei mecânica da soma e subtração de velocidades não mais é válida ou, mais precisamente, é apenas aproximadamente válida para pequenas velocidades, mas não para as que se situem perto da velocidade da luz. O número que expressa a velocidade da luz aparece explicitamente na transformação de Lorentz e desempenha o papel de caso limitativo, como a velocidade infinita na mecânica clássica. Esta teoria mais geral não contradiz a transformação clássica e a mecânica clássica. Pelo contrário, voltamos aos velhos conceitos como um caso limitativo quando as velocidades são pequenas. Do ponto de vista da nova teoria, é claro em que casos a física clássica é válida e onde estão suas limitações. Seria tão ridículo aplicar a teoria da relatividade ao movimento de automóveis, navios e trens quanto usar uma máquina de calcular quando uma tabuada fosse suficiente.

8

Relatividade e mecânica

A teoria da relatividade nasceu da necessidade, de contradições sérias e profundas na velha teoria, para as quais parecia não haver saída. A força da nova teoria está na consistência e simplicidade com que resolve todas as dificuldades, usando apenas umas poucas suposições muito convincentes.

Embora a teoria tenha surgido do problema do campo, tem de abranger todas as leis físicas. Parece surgir aqui uma dificuldade. As leis de campo, de um lado, e as leis mecânicas, de outro, são de tipos muito diferentes. As equações do campo eletromagnético são invariáveis com respeito à transformação de Lorentz, e as equações mecânicas são invariáveis com respeito à transformação clássica. Mas a teoria da relatividade alega que todas as leis da natureza devem ser invariáveis com respeito à transformação de Lorentz, e não à transformação clássica. Esta é apenas um caso especial, limitativo da transformação de Lorentz quando as velocidades relativas de dois SC são muito pequenas. Se assim for, a mecânica clássica deverá modificar-se para conformar-se à exigência de invariabilidade com respeito à transformação de Lorentz. Ou, em outras palavras, a mecânica clássica não pode ser válida se as velocidades se aproximam da velocidade da luz. Somente uma transformação de um SC para outro pode existir, a saber, a transformação de Lorentz.

Foi simples alterar a mecânica clássica de tal modo que ela não contradissesse nem a teoria da relatividade nem a riqueza de material obtida pela observação e explicada pela mecânica clássica. A mecânica antiga é válida para pequenas velocidades e forma o caso limitativo da nova.

Seria interessante considerarmos algum exemplo de alteração na mecânica clássica introduzida pela teoria da relatividade. Isso poderia, talvez, conduzir-nos a algumas conclusões que poderiam ser provadas ou condenadas pela experiência.

Consideremos um corpo de massa definida movendo-se em linha reta e sofrendo a ação de uma força externa na direção do movimento. A força é, como sabemos, proporcional à alteração da velocidade. Ou, mais explicitamente, não importa se um dado corpo aumenta de velocidade de 100 para 101 pés por segundo ou de 100 milhas para 100 milhas e um pé por segundo ou de 180.000 milhas para 180.000 milhas e um pé por segundo. A força que atua sobre um determinado corpo é sempre a mesma para a mesma alteração de velocidade no mesmo tempo.

Será essa sentença verdadeira do ponto de vista da teoria da relatividade? De modo algum! Essa lei só é válida para pequenas velocidades. Qual é, de acordo com a teoria da relatividade, a lei para as grandes velocidades, que se aproximam da velocidade da luz? Se a velocidade é grande, são necessárias forças extremamente potentes para aumentá-la. Não é a mesma coisa aumentar em um pé por segundo uma velocidade de aproximadamente 100 pés e uma velocidade que se aproxima da velocidade da luz. Quanto mais próxima da velocidade da luz estiver uma velocidade, tanto mais difícil será aumentá-la. Quando uma velocidade é igual à da luz, é impossível aumentá-la mais. Assim, as alterações ocasionadas pela teoria da relatividade não são surpreendentes. A velocidade da luz é o limite superior de todas as velocidades. Nenhuma força finita, por maior que seja, pode ocasionar um aumento de velocidade acima desse limite. Em lugar da velha lei mecânica relacionando força e alteração de velocidade, aparece outra mais complicada. Do nosso novo ponto de vista, a mecânica clássica é simples porque em quase todas as nossas observações lidamos com velocidades muito menores do que a da luz.

Um corpo em repouso tem uma massa definida, chamada *massa de repouso*. Sabemos, da mecânica, que todo corpo resiste uma alteração em seu movimento; a resistência será tanto maior quanto maior for a massa, e tanto menor quanto menor for a massa. Mas, na teoria da relatividade, temos algo mais. Não apenas um corpo resiste mais fortemente a uma alteração se a massa for maior, mas também se sua velocidade for maior. Os corpos com velocidades que se aproximem da velocidade da luz ofereceriam resistência muito grande a forças externas. Em mecânica clássica, a resistência de um determinado corpo era algo inalterável, caracterizado somente por sua massa. Em teoria da relatividade, depende ao mesmo tempo da massa de repouso e da velocidade. A resistência se torna infinitamente grande quando a velocidade se aproxima da velocidade da luz.

Os resultados que acabamos de citar nos permitem submeter a teoria à prova da experiência. Os projéteis com uma velocidade que se aproxime da velocidade da luz resistirão à ação de uma força externa conforme predito pela teoria? Como as assertivas da teoria da relatividade têm caráter quantitativo, poderíamos confirmar ou condenar a teoria se pudéssemos construir projéteis com velocidade que se aproximasse da velocidade da luz.

Na verdade, encontramos na natureza projéteis com tais velocidades. Os átomos da matéria radiativa, o rádio, por exemplo, atuam como baterias que disparam projéteis com velocidades enormes. Se entrarmos em detalhes, podemos citar apenas um dos muitos pontos de vista da física e da química modernas. Toda matéria do Universo é constituída de *partículas elementares* de apenas uns poucos tipos. É como se ver, em uma cidade, edifícios de vários tamanhos, construções e arquiteturas, sendo, desde o casebre até ao arranha-céu, construídos dos mesmos poucos tipos diferentes de tijolos. Assim, todos os elementos conhecidos de nosso mundo material, desde o hidrogênio, que é o mais leve, até ao urânio, que é o mais pesado, são construídos dos mesmos tipos de tijolos, isto é, dos mesmos tipos de partículas elementares. Os elementos mais pesados, que são os edifícios mais complicados, são instáveis e se desintegram, ou, como se diz, são *radiativos.* Alguns dos tijolos, isto é, algumas das partículas elementares de que são construídos os átomos radiativos, são por vezes ejetados com uma velocidade muito grande, que se aproxima da velocidade da luz. Um átomo de um elemento, digamos, do rádio, é, de acordo com os nossos atuais pontos de vista, confirmados por numerosas experiências, uma estrutura complicada, e a desintegração radiativa é um daqueles fenômenos pelos quais se revela a composição de átomos de tijolos ainda mais simples.

Podemos, por experiências muito engenhosas e intricadas, determinar como as partículas resistem à ação de uma força externa. A experiência mostra que a resistência oferecida por essas partículas depende da velocidade, da maneira prevista pela teoria da relatividade. Em muitos outros casos, nos quais a dependência em que a resistência está da velocidade poderia ser detectada, houve concordância completa entre teoria e experiência. Vemos uma vez mais as particularidades essenciais do trabalho criador em ciência: a predição de certos fatos pela teoria e sua confirmação pela experiência.

Esse resultado sugere uma outra generalização importante. Um corpo em repouso tem massa mas nenhuma energia cinética, isto é, energia de movimento. Um corpo em movimento tem tanto massa como energia cinética. Resiste mais fortemente à alteração da velocidade do que um corpo em repouso. Fica parecendo que a energia cinética de um corpo em movimento aumenta sua resistência. Se dois corpos têm a mesma massa de repouso, o que tem a maior energia cinética resiste mais fortemente à ação de uma força externa.

Imagine-se uma caixa contendo bolas, estando tanto a caixa como as bolas em repouso em nosso SC. Para mover a caixa, para aumentar sua velocidade, é necessária alguma força. Mas a mesma força aumentará a velocidade da mesma quantidade no mesmo tempo com as bolas se movendo rapidamente e em todas as direções dentro da caixa, como as moléculas de um gás, com uma velocidade média que se aproxime da velocidade da luz? Será agora necessária uma força maior, em razão da energia cinética aumentada das bolas, que reforça a resistência da caixa. A energia, pelo menos a energia cinética, resiste ao movimento do mesmo modo que as massas ponderáveis. Será isso também verídico para todos os tipos de energia?

A teoria da relatividade deduz, de sua suposição fundamental, uma resposta clara e convincente a essa pergunta, resposta também de caráter quantitativo: toda energia resiste à alteração do movimento; toda energia se comporta como a matéria; um pedaço de ferro pesa mais quando aquecido ao rubro do que quando frio; a radiação que caminha pelo espaço e emitida pelo Sol contém energia e, portanto, massa; o Sol e todas as estrelas radiantes perdem massa pela emissão de radiação. Essa conclusão, de caráter geral, é uma importante conquista da teoria da relatividade e se adapta a todos os fatos com os quais foi posta à prova.

A física clássica introduziu duas substâncias: matéria e energia. A primeira tinha peso, mas a segunda não. Na física clássica, tínhamos duas leis da conservação: uma para a matéria e outra para a energia. Já perguntamos se a física moderna ainda conserva esse ponto de vista de duas substâncias e duas leis da conservação. A resposta é não. De acordo com a teoria da relatividade, não há distinção essencial alguma entre massa e energia. Energia tem massa e massa representa energia. Em vez de duas leis da conservação, temos apenas uma, a de massa-energia. Esse novo ponto de vista se provou muito útil e frutífero no desenvolvimento ulterior da física.

Como pode o fato de a energia ter massa e a massa representar energia ter permanecido por tanto tempo obscuro? Será o peso de um pedaço de ferro quente maior do que o desse pedaço frio? A resposta a essa pergunta é agora sim, mas, na página 45, foi não. As páginas entre essas duas respostas certamente não são suficientes para resolver essa contradição.

A dificuldade com que nos defrontamos aqui é do mesmo tipo que já encontramos antes. A variação de massa predita pela teoria da relatividade é incomensuravelmente pequena e não pode ser detectada pela pesagem direta nem mesmo nas balanças mais sensíveis. A prova de que a energia não é carente de peso pode ser conseguida de muitas maneiras conclusivas, mas indiretas.

O motivo dessa carência de evidência imediata é a razão muito pequena de intercâmbio entre matéria e energia. Comparada com a massa, a energia é como uma moeda depreciada comparada com uma moeda de alto valor. Um exemplo esclarecerá. A quantidade de calor capaz de converter 30 mil toneladas de água em vapor pesaria um grama! A energia foi considerada destituída de peso por tanto tempo simplesmente pelo fato de a massa que ela representa ser tão pequena.

A velha substância energia é a segunda vítima da teoria da relatividade. A primeira foi o meio através do qual se propagam as ondas de luz.

A influência da teoria da relatividade vai muito além do problema do qual ela surgiu. Remove as dificuldades e contradições da teoria de campo, formula leis mecânicas mais gerais; substitui duas leis de conservação por apenas uma; altera o nosso conceito clássico de tempo absoluto. Sua validez não está restrita a um domínio da física: a teoria forma uma estrutura geral que abrange todos os fenômenos da física.

9

O contínuo de espaço-tempo

"A Revolução Francesa teve início em Paris a 14 de julho de 1789." Nessa sentença, são declarados o lugar e a época de um acontecimento. Seria possível ensinar a quem não soubesse o que quer dizer

"Paris" e ouvisse essa declaração pela primeira vez: é uma cidade em nossa Terra, situada na longitude de 2 graus leste e latitude de 39 graus norte. Esses dois números caracterizam, então, o lugar, e "14 de julho de 1789" caracterizaria a época em que se dera o acontecimento. Em física, muito mais do que em história, a caracterização de quando e onde ocorre um acontecimento é muito importante, porque esses dados formam a base para uma descrição quantitativa.

A bem da simplicidade, consideramos, anteriormente, apenas o movimento em linha reta. Uma haste rígida com uma origem, mas sem fim, foi o nosso SC. Conservemos essa restrição. Tomemos pontos diferentes sobre a haste; suas posições podem ser caracterizadas por um só número, pela coordenada do ponto. Dizer que a coordenada de um ponto é 7,586 pés significa que sua distância da origem da haste é de 7,586 pés. Se, pelo contrário, alguém me dá qualquer número e uma unidade, posso sempre encontrar um ponto sobre a haste correspondente a esse número. Podemos declarar: um ponto definido sobre uma haste corresponde a todo número, e um número definido corresponde a todo ponto. Esse fato é expressado pelos matemáticos na seguinte sentença: todos os pontos sobre a haste formam um *contínuo unidimensional.* Existe um ponto arbitrariamente perto de todo ponto sobre a haste. Podemos ligar dois pontos sobre a haste por passos tão pequenos quanto desejarmos. Assim, a pequenez arbitrária dos passos ligando pontos distantes é característica do contínuo.

Agora outro exemplo. Temos um plano, ou, caso se prefira algo mais concreto, a superfície de uma mesa retangular. A posição de um ponto sobre essa mesa pode ser caracterizada por dois números, e não, como antes, por apenas um. Os dois números são as distâncias de duas beiras perpendiculares da mesa. Não um número, mas um par de números corresponde a todo ponto sobre o plano; um ponto definido corresponde a todo par de números. Em outras palavras: o plano é um *contínuo bidimensional.* Existem pontos arbitrariamente perto de todo ponto sobre a haste. Podemos ligar dois pontos sobre a haste por passos tão pequenos quanto desejarmos. Assim, a pequenez arbitrária dos passos ligando pontos distantes, cada um dos quais podendo ser representado por dois números, é também um contínuo bidimensional.

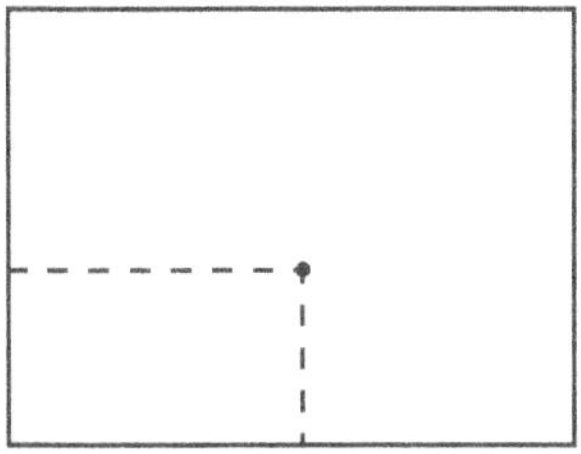

Figura 59

Mais um exemplo. Imagine que você deseja considerar o seu quarto seu SC. Isso significa que você deseja descrever todas as posições com referência às paredes rígidas do quarto. A posição da extremidade da lâmpada pode, se ela estiver em repouso, ser descrita por três números: dois deles determinam a distância de duas paredes perpendiculares, e o terceiro a distância do chão ou do teto. Três números correspondem a todo ponto do espaço; um ponto definido do espaço corresponde a todo conjunto de três números. Isso é expressado pela sentença: o nosso espaço é um *contínuo tridimensional.* Existem pontos muito perto de todo ponto do espaço. Novamente, a pequenez arbitrária dos passos que ligam os pontos distantes, cada um deles representado por três números, é característica do contínuo tridimensional.

Mas tudo isso não chega a ser física. Para voltarmos à física, devemos considerar o movimento de partículas materiais. Para observar e predizer acontecimentos físicos. Vejamos novamente um exemplo muito simples.

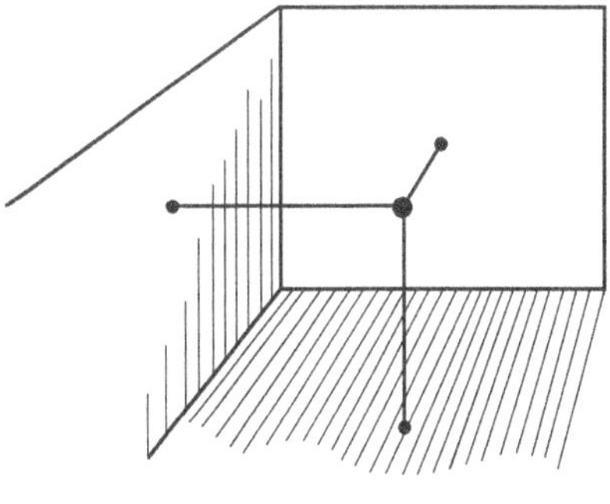

Figura 60

Deixa-se cair de uma torre uma pequena pedra, que pode ser considerada uma partícula. Imagine a torre com 256 pés de altura. Estamos, desde o tempo de Galileu, capacitados para predizer a coordenada da pedra em qualquer instante arbitrário depois que se deixou ela cair. Eis um "horário" descrevendo as posições da pedra após 0, 1, 2, 3 e 4 segundos.

Tempo em segundos	*Elevação acima do solo em segundos*
0	256
1	240
2	192
3	112
4	0

Cinco acontecimentos são registrados em nosso "horário", cada um representado por dois números, as coordenadas do espaço e do tempo de cada acontecimento. O primeiro acontecimento é o deixar cair a pedra de 256 pés de altura do solo, em zero segundo. O segundo acontecimento é a coincidência da pedra com a nossa haste rígida (a torre), a 240 pés acima do solo. Isso acontece após transcorrido o primeiro segundo. O último acontecimento é a coincidência da pedra com o solo.

Poderíamos expressar de maneira diferente o conhecimento ganho de nosso "horário". Poderíamos representar os cinco pares de números do "horário" como cinco pontos sobre uma superfície. Estabeleçamos primeiro uma escala. Um segmento corresponderá a um pé, e um outro a um segundo.

Figura 61

Desenhamos então duas linhas perpendiculares entre si, chamando a horizontal, digamos, eixo do tempo, e a vertical, eixo do espaço. Vemos imediatamente que o nosso "horário" pode ser representado por cinco pontos em nosso plano de espaço-tempo.

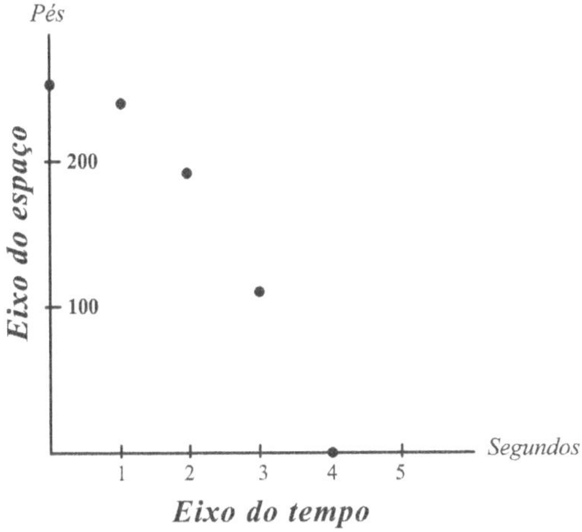

Figura 62

As distâncias dos pontos ao eixo do espaço representam as coordenadas do tempo, conforme registradas na primeira coluna do nosso "horário", e as distâncias ao eixo do tempo, suas coordenadas do espaço.

Exatamente a mesma coisa é expressada de duas maneiras diferentes: pelo "horário" e pelos pontos no plano. Cada uma dessas maneiras pode ser construída com base na outra. A escolha entre essas duas representações é apenas uma questão de gosto, pois elas são, de fato, equivalentes.

Demos agora mais um passo. Imagine-se um "horário" melhor, que, em vez de dar as posições para todo segundo, as dê para, digamos, para todo centésimo de milésimo de segundo. Teremos então muitíssimos pontos em nosso plano de espaço-tempo. Finalmente, se a posição for dada para cada instante ou, como dizem os matemáticos, se a coordenada do espaço for dada como uma função do tempo, o nosso conjunto de pontos se tornará contínuo. A Figura 63 representa, portanto, não apenas um fragmento do movimento, como antes, mas um conhecimento completo dele.

O movimento ao longo da haste rígida (a torre), movimento em um espaço unidimensional, é aqui representado como uma curva em um contínuo de espaço-tempo bidimensional. A todo ponto em nosso contínuo de espaço-tempo corresponde um par de números, um dos quais indica a coordenada do tempo, e o outro, a do espaço. Inversamente, um ponto definido em nosso plano de espaço-tempo corresponde a todo par de números que caracterize um acontecimento. Dois pontos adjacentes representam dois acontecimentos em lugares ligeiramente diferentes e em instantes ligeiramente diferentes.

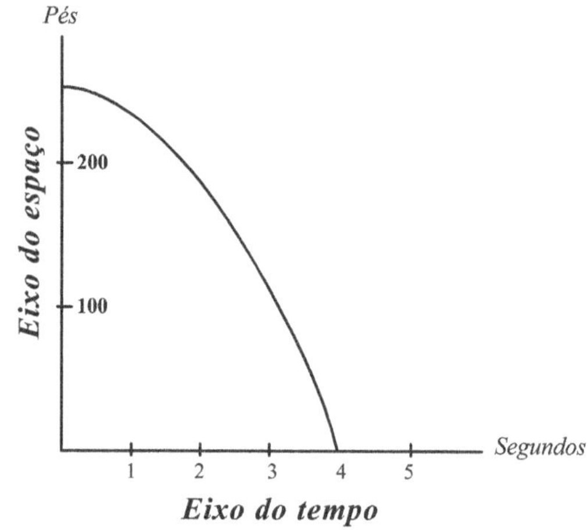

Figura 63

Você poderia argumentar, assim em contrário à nossa representação: há pouco sentido em representar-se uma unidade de tempo por um segmento, em combiná-lo mecanicamente com o espaço, formando o contínuo bidimensional dos dois contínuos unidimensionais. Mas você teria, então, de protestar com igual veemência contra todos os gráficos representando, por exemplo, as mudanças de temperatura na cidade de Nova York durante o último verão, ou contra aqueles representando as alterações no custo de vida durante os últimos poucos anos, porquanto o mesmíssimo método é usado em cada um desses casos. Nos gráficos de temperatura, o contínuo unidimensional da temperatura é combinado com o contínuo unidimensional do tempo no contínuo bidimensional de tempo-temperatura.

Voltemos à partícula que se deixou cair da torre de 256 pés de altura. O nosso quadro gráfico do movimento é uma convenção útil, porquanto caracteriza a posição da partícula em um instante arbitrário. Sabendo como a partícula se move, gostaríamos de representar o seu movimento uma vez mais. Podemos fazê-lo de duas maneiras diferentes.

Estamos lembrados da representação da partícula mudando de posição com o tempo no espaço unidimensional. Retratamos o movimento como uma sequência de acontecimentos no contínuo de espaço unidimensional. Não misturamos tempo e espaço, usando um quadro *dinâmico* no qual as posições *mudam* com o tempo.

Mas podemos representar o mesmo movimento de maneira diferente. Podemos formar uma representação estática, considerando a curva no contínuo bidimensional de espaço-tempo. Mas o movimento é representado como algo que de fato *é*, que existe no contínuo bidimensional de espaço-tempo, e não como algo que muda no contínuo de espaço unidimensional.

Ambas essas representações são equivalentes, e a preferência por uma, e não por outra, é meramente uma questão de convenção e gosto.

Nada do que foi dito aqui sobre as duas representações do movimento tem algo a ver com a teoria da relatividade. Ambas as representações podem ser usadas com igual acerto, embora a física clássica tenha preferido mais a representação dinâmica descrevendo o movimento como acontecimentos no espaço, e não existentes no espaço tempo. Mas a teoria da relatividade alterou esse ponto de vista. Revelou-se distintamente favorável à representação estática e encontrou nessa representação do movimento como algo existente no espaço-tempo um quadro mais conveniente e mais objetivo da realidade. Ainda temos de responder à pergunta: por que essas duas representações, equivalentes do ponto de vista da física clássica, não o são também do ponto de vista da teoria da relatividade?

A resposta será compreendida se forem novamente levados em consideração dois SC movendo-se uniformemente um em relação ao outro.

De acordo com a física clássica, os observadores em dois SC movendo-se uniformemente um em relação ao outro determinarão coordenadas espaciais diferentes, mas a mesma coordenada do tempo, para um certo acontecimento. Assim, por exemplo, a coincidência da partícula com o solo é caracterizada, no SC por nós escolhido, pela coordenada do tempo "4" e pela coordenada do espaço "O". De acordo com a mecânica clássica, a pedra ainda atingirá o solo depois de quatro segundos para um observador movendo-se uniformemente em relação ao SC por nós escolhido. Mas este observador referirá a distância a esse SC e, em geral, ligará coordenadas de espaço diferentes ao acontecimento da colisão, embora a coordenada do tempo seja a mesma para ele e para todos os outros observadores movendo-se uniformemente em relação uns aos outros. A física clássica conhece apenas um fluir de tempo "absoluto" para todos os observadores. Para todo SC, o contínuo bidimensional pode ser dividido em dois contínuos unidimensionais: tempo e espaço. Pelo caráter "absoluto" do tempo, a transição da representação "estática" do movimento para a "dinâmica" tem um significado objetivo em física clássica.

Mas nós já nos deixamos convencer de que a transformação clássica não deve ser geralmente usada em física. Do ponto de vista prático, ela ainda é boa para as pequenas velocidades, mas não para resolver questões físicas fundamentais.

De acordo com a teoria da relatividade, o tempo da colisão da pedra com o solo não será o mesmo para todos os observadores. A coordenada do tempo e a coordenada do espaço serão diferentes em dois SC, e a alteração na coordenada do tempo será assaz distinta se a velocidade relativa for aproximada da velocidade da luz. O contínuo bidimensional não pode ser dividido em dois contínuos unidimensionais como na física clássica. Não devemos considerar o espaço e o tempo em separado ao determinarmos as coordenadas de espaço-tempo em outro SC. A divisão do contínuo bidimensional em dois contínuos unidimensionais parece, do ponto de vista da teoria da relatividade, procedimento arbitrário sem significado objetivo.

Será simples generalizar tudo o que acabamos de dizer para o caso do movimento não retilíneo. Não são, na verdade, necessários apenas dois números, mas quatro, para descrever os acontecimentos da natureza. O nosso espaço físico, conforme considerado através de objetos e seu movimento, tem três dimensões e as posições são caracterizadas por três números. O instante de um acontecimento é o quarto número. Quatro números definidos correspondem a todo acontecimento; um acontecimento definido corresponde a quatro números quaisquer. Portanto: o mundo dos acontecimentos forma um *contínuo quadridimensional*. Nada há de misterioso nisso, e essa última sentença é igualmente verdadeira para a física clássica e para a teoria da relatividade. É novamente revelada uma diferença quando são considerados dois SC movendo-se um em relação ao outro. A sala se está movendo, e os observadores interno e externo determinam as coordenadas de espaço-tempo para os mesmos acontecimentos. Novamente, o físico clássico divide o contínuo quadridimensional em espaços tridimensionais e no contínuo de tempo unidimensional. O físico antigo se preocupa apenas com a transformação do espaço, porquanto o tempo é para ele absoluto. Acha natural e conveniente a divisão do contínuo quadridimensional mundial em espaço e tempo. Mas, do ponto de vista da teoria da relatividade, tanto o espaço como o tempo se alteram ao passar de um SC para outro, e a transformação de Lorentz considera as propriedades de transformação do contínuo quadridimensional de espaço-tempo de nosso quadridimensional mundo dos acontecimentos.

O mundo dos acontecimentos pode ser descrito dinamicamente por uma representação se alterando no tempo e projetada sobre o fundo do espaço tridimensional. Mas também pode ser descrito por uma representação estática projetada sobre o fundo de um contínuo quadridimensional de espaço-tempo. Do ponto de vista da física clássica, as duas representações, a dinâmica e a clássica, são equivalentes. Mas, do ponto de vista da teoria da relatividade, a representação estática é a mais conveniente e a mais objetiva.

Até mesmo na teoria da relatividade podemos ainda usar a representação dinâmica, se a preferirmos. Mas devemos nos lembrar de que essa divisão em tempo e espaço não tem significado objetivo algum, porquanto o tempo não mais é "absoluto". Usaremos ainda a linguagem "estática", e não a "dinâmica", nas páginas seguintes, mas tendo em mente suas limitações.

10
Relatividade geral

Ainda resta um ponto a ser esclarecido. Uma das questões mais fundamentais ainda não foi resolvida: existe um sistema inercial? Aprendemos algo sobre as leis da natureza, sua invariabilidade com respeito à transformação de Lorentz e sua validez para todos os sistemas inerciais movendo-se uniformemente uns em relação aos outros. Temos as leis, mas não conhecemos a estrutura à qual referi-las.

Para que estejamos mais cônscios dessa dificuldade, entrevistemos o físico clássico, fazendo-lhe algumas perguntas simples:

– Que é um sistema inercial?

– É um SC no qual as leis da mecânica são válidas. Um corpo sobre o qual não atuem forças externas se move uniformemente em tal SC. Essa propriedade nos permite, portanto, distinguir um SC inercial de qualquer outro.

– Mas que significa dizer que não há forças atuando sobre um corpo?

– Significa simplesmente que um corpo se move uniformemente em um sistema inercial.

Poderíamos, aqui levantar uma vez mais a questão: "Que é um sistema inercial?" Mas como há pouca esperança de obtermos uma resposta diferente da que foi dada acima, tentemos obter alguma informação concreta alterando a pergunta:

– Será um SC rigidamente unido à Terra um SC inercial?

– Não, porque as leis da mecânica não são rigorosamente válidas na Terra, por causa de sua rotação. Um SC rigidamente unido ao Sol pode ser, para muitos problemas, considerado um SC inercial, mas quando falamos do Sol girando, novamente entendemos que um SC rigidamente unido a ele não pode ser considerado estritamente inercial.

– Então, que é concretamente, o seu SC inercial, e como deve ser escolhido o seu estado de movimento?

– É meramente uma ficção útil, e não tenho ideia alguma sobre como concretizá-la. Se eu pudesse afastar-me de todos os corpos materiais e livrar-me de todas as influências externas, o meu SC seria inercial.

– Mas que quer você dizer por um SC livre de todas as influências externas?

– Quero dizer que o SC é inercial.

Estamos, uma vez mais, de volta à pergunta inicial!

A nossa entrevista revela uma grave dificuldade em física clássica. Temos leis mas não sabemos a que estrutura as referir, e toda a nossa estrutura física parece estar construída sobre areia.

Podemos abordar essa mesma dificuldade de um ponto de vista diferente. Tentemos imaginar que há apenas um corpo formando o nosso SC, em todo o universo. Esse corpo começa a rodar. De acordo com a mecânica clássica, as leis físicas para um corpo em rotação são diferentes daquelas para um corpo não em rotação. Se o princípio inercial é válido em um caso, não o é no outro. Mas tudo isso soa muito suspeitoso. Será permissível considerar-se o movimento de um só corpo no Universo inteiro? Por movimento de um corpo queremos sempre dizer sua mudança de posição em relação a um segundo corpo. É, portanto, contrário ao senso comum falar-se do movimento de apenas um corpo. A mecânica clássica e o senso comum discordam violentamente nesse ponto. A receita de Newton é: se o princípio inercial é válido, então o SC está em repouso ou em movimento uniforme. Se o princípio inercial não é válido, então o corpo está em movimento não uniforme. Assim, o nosso veredicto de movimento ou repouso depende se todas as leis físicas são ou não aplicáveis a um dado SC.

Considerem-se dois corpos, o Sol e a Terra, por exemplo. O movimento que observamos é novamente *relativo.* Pode ser descrito ligando-se o SC com a Terra ou com o Sol. Sob este ponto de vista, a grande realização de Copérnico está em ter ele transferido o SC da Terra para o Sol. Mas como o movimento é relativo e qualquer estrutura de referência pode ser usada, parece não haver razão alguma para se favorecer mais um SC do que outro.

A física intervém novamente e altera o nosso ponto de vista baseado no senso comum. O SC ligado ao Sol parece mais um sistema inercial do que outro ligado à Terra. As leis físicas devem ser mais aplicadas ao SC de Copérnico do que ao de Ptolomeu. A grandeza da descoberta de Copérnico só pode ser apreciada do ponto de vista físico. Ilustra a grande vantagem de se usar um SC rigidamente ligado ao Sol para descrever o movimento dos planetas.

Não há movimento uniforme absoluto algum em física. Se dois SC se estão movendo uniformemente um em relação ao outro, então não há sentido algum em dizer-se: "Este SC está em repouso e o outro está em movimento." Mas se dois SC se estão movendo não uniformemente, em relação um ao outro, então há muito boa razão para se dizer: "Este corpo se move e o outro está em repouso (ou se move uniformemente)". O movimento absoluto tem aqui um significado muito definido. Há, neste ponto, um grande abismo entre o senso comum e a física clássica. As dificuldades mencionadas, a de um sistema inercial e a do movimento absoluto, estão ligadas entre si. O movimento absoluto só é tornado possível pela ideia de um sistema inercial, para o qual as leis da natureza são válidas.

Parece não haver saída alguma dessas dificuldades, que nenhuma teoria física as pode evitar. Sua raiz está na validez das leis da natureza somente para uma classe especial de SC, a dos SC inerciais. A possibilidade de resolver essas dificuldades está na resposta à seguinte pergunta: poderemos formular leis físicas de modo que elas sejam válidas para todos os SC, não apenas aqueles que se movam uniformemente, mas também os que se movem arbitrariamente, uns em relação aos outros? Se isso puder ser feito, nossas dificuldades acabarão. Estaremos, então, capacitados para aplicar as leis da natureza a qualquer SC. A luta entre os pontos de vista de Ptolomeu e Copérnico, tão violenta nos primórdios da ciência, seria então bastante destituída de sentido. Qualquer dos dois se poderia ser usado com igual justificativa. As duas sentenças "o Sol está em repouso e a Terra se move" ou "o Sol se move e a Terra está em repouso" significariam simplesmente duas convenções concernentes a dois SC diferentes.

Poderíamos construir uma física real válida em todos os SC, uma física na qual não houvesse lugar para o movimento absoluto, mas apenas para o movimento relativo? Isso é de fato possível!

Temos pelo menos uma indicação, embora muito fraca, sobre como construir uma nova física. A física realmente relativista deve aplicar-se a todos os SC e, portanto, também ao caso especial do SC inercial. Já conhecemos as leis para o SC inercial. As novas leis gerais, válidas para os SC, deverão, no caso especial do sistema inercial, ser reduzidas às velhas leis conhecidas.

O problema da formulação de leis físicas para todos os SC foi resolvido pela chamada *teoria da relatividade geral*: a teoria anterior, aplicada apenas aos sistemas inerciais, é chamada *teoria da relati-*

vidade especial. As duas teorias não se podem, naturalmente, contradizer, porquanto devemos sempre incluir as velhas leis da teoria da relatividade restrita nas leis gerais para um sistema inercial. Mas assim como o SC inercial foi, previamente, o único para o qual as leis físicas eram formuladas, assim também ele formará agora o caso limitativo especial, pois todos os SC movendo-se arbitrariamente em relação uns aos outros são permissíveis.

Esse é o programa da teoria da relatividade geral. Mas ao esboçar a maneira pela qual foi conseguido, devemos ser ainda mais vagos do que o fomos até agora. As novas dificuldades surgidas com o desenvolvimento da ciência forçam a nossa teoria a se tornar cada vez mais abstrata. Ainda nos aguardam aventuras inesperadas. Mas a nossa meta final é uma compreensão melhor da realidade. São acrescentados elos à cadeia de lógica que liga a teoria à observação. Para limpar de suposições desnecessárias e artificiais o caminho que conduz da teoria à experiência, para abranger uma região cada vez maior de fatos, devemos tornar a cadeia cada vez mais longa. Quanto mais simples e mais fundamental se tornam nossas suposições, tanto mais intricado se torna o nosso instrumental matemático de raciocínio: o caminho da teoria à observação se torna mais longo, mais sutil e mais complicado. Embora soe paradoxal, poderíamos dizer: a física moderna é mais simples do que a antiga e parece, portanto, mais difícil e intricada. Quanto mais simples é a nossa representação do mundo externo e quanto mais fatos ela abarca, tanto mais fortemente ela reflete em nossas mentes a harmonia do Universo.

A nossa nova ideia é simples: construir uma física válida para todos os SC. Sua realização traz complicações formais e nos força a usar ferramentas matemáticas diferentes das até agora empregadas em física. Mostramos aqui apenas a conexão entre o cumprimento desse programa e dois problemas principais: gravitação e geometria.

11
Dentro e fora do elevador

A lei da inércia marca o primeiro grande avanço em física; na verdade, o seu começo real foi conseguido pela contemplação de uma experiência idealizada, um corpo movendo-se para sempre sem atrito e sem a ação de quaisquer outras forças externas. Desse exemplo e, posteriormente, de muitos outros, reconhecemos a importância da experiência idealizada criada pelo pensamento. A experiência idealizada será aqui novamente discutida. Embora elas possam soar fantásticas, irão nos ajudar, não obstante, a compreender tanto sobre a relatividade quanto é possível por nossos métodos simples.

Havíamos idealizado anteriormente experiências com um cômodo movendo-se uniformemente. Aqui, para variar, teremos um elevador em queda.

Imagine-se um grande elevador no topo de um arranha-céu muito mais alto do que qualquer dos ora existentes. Repentinamente, o cabo que sustenta o elevador se rompe e este cai livremente em direção ao solo. Os observadores que estão dentro do elevador realizam experiências durante a queda. Ao descrevê-las, não necessitamos preocupar-nos com a resistência do ar ou com o atrito, porquanto podemos desprezar sua existência sob condições idealizadas. Um dos observadores retira um lenço e um relógio do bolso, deixando-os cair. Que acontece a esses dois corpos? Para o observador que se encontra do lado de fora e está olhando através da janela do elevador, tanto o lenço como o relógio caem em direção ao solo exatamente do mesmo modo, com a mesma aceleração. Estamos lembrados de que a aceleração de um corpo em queda é independente de sua massa, e que foi esse fato o que revelou a igualdade entre massa gravitacional e massa inercial. Também estamos lembrados de que a igualdade entre as duas massas, gravitacional e inercial, era acidental do ponto de vista da mecânica clássica e não desempenhava papel algum em sua estrutura. Aqui, contudo, essa igualdade, refletida na aceleração igual de todos os corpos em queda, é essencial e forma a base de nosso argumento.

Voltemos aos nossos lenço e relógio cadentes; para o observador externo, estão ambos caindo com a mesma aceleração. Mas também o elevador, com suas paredes, seu teto e seu piso. Portanto, a distância entre os dois corpos e o piso não SC alterará. Para o observador que se encontra no elevador, os dois corpos permanecem exatamente onde se encontravam quando eles os largara. O observador interno poderá ignorar o campo gravitacional, porquanto sua fonte está fora de seu SC. Constata que nenhuma força dentro do elevador atua sobre os dois corpos, e, assim, eles estão em repouso, do mesmo modo como se fossem um SC inercial. Acontecem coisas estranhas no elevador! Se o observador empurra um corpo em qualquer direção, para cima ou para baixo, por exemplo, o mesmo se move uniformemente enquanto não colide com o teto ou o piso do elevador. Falando de modo sucinto, as leis da mecânica clássica são válidas para o observador de dentro do elevador. Todos os corpos se comportam da maneira esperada pela lei da inércia. O nosso novo SC, rigidamente ligado ao elevador em queda livre, difere do SC inercial em apenas um aspecto. Em um SC inercial, um corpo em movimento sobre o qual não atue força alguma se moverá uniformemente para sempre. O SC inercial conforme representado na física clássica não é limitado nem no espaço nem no tempo. O caso do observador em nosso elevador é, contudo, diferente. O caráter inercial de seu SC é limitado no tempo e no espaço. Mais cedo ou mais tarde o corpo que se move livremente colidirá com a parede do elevador, destruindo o movimento uniforme. Mais cedo ou mais tarde o elevador em queda colidirá com o solo, destruindo os observadores e suas experiências. O SC é apenas uma "edição de bolso" do se inercial real.

Esse caráter local do SC é essencial. Se o nosso elevador imaginário tivesse de se deslocar do Polo Norte ao Equador, com o lenço colocado sobre o Polo Norte e o relógio sobre o Equador, então, para o observador externo, os dois corpos não teriam a mesma aceleração; não estariam em repouso um em relação ao outro. O nosso argumento falharia por inteiro! As dimensões do elevador devem ser limitadas, de modo que possa ser admitida a igualdade de aceleração de todos os corpos relativamente ao observador externo.

Com essa restrição, o SC assume um caráter inercial para o observador interno. Podemos pelo menos indicar um SC no qual todas as leis físicas são válidas, embora o mesmo seja limitado no tempo e no espaço. Se imaginarmos outro SC, outro elevador movendo-se uniformemente em relação ao que cai livremente, então ambos esses SC serão localmente inerciais. Todas as leis são exatamente idênticas em ambos. A transição de um para o outro é dada pela transformação de Lorentz.

Vejamos de que maneira os observadores, externo e interno, descrevem o que ocorre no elevador.

O observador externo nota o movimento do elevador e dos corpos em queda dentro dele, constatando estarem em acordo com a lei gravitacional de Newton. Para ele, o movimento não é uniforme, mas acelerado, por causa da ação do campo gravitacional da Terra.

Contudo, uma geração de físicos nascidos e criados no elevador raciocinaria muito diferentemente. Acreditariam estar de posse de um sistema inercial, referindo todas as leis da natureza ao seu elevador, declarando justificadamente que as leis adquirem uma forma especialmente simples em seu SC. Seria para eles natural admitirem estar o seu elevador em repouso e ser o seu SC o inercial.

É impossível solucionar as diferenças entre os observadores de dentro e de fora. Cada um deles poderia invocar-se o direito de referir todos os acontecimentos ao seu SC. Ambas as descrições dos acontecimentos poderiam se tornar igualmente consistentes.

Vemos, com esse exemplo, ser possível uma descrição consistente dos fenômenos físicos em dois SC diferentes, mesmo que estes não se estejam movendo uniformemente um em relação ao outro. Mas para tal descrição devemos levar em consideração a gravitação, construindo, por assim dizer, a "ponte" que efetua a transição de um SC para outro. O campo gravitacional existe para o observador externo; não existe para o observador interno. O movimento acelerado do elevador no campo gravitacional existe para o observador interno. Mas a "ponte", o campo gravitacional que torna possível a descrição em ambos os SC, assenta em um pilar muito importante: a equivalência entre as massas gravitacional e inercial. Sem essa pista, despercebida na mecânica clássica, o nosso atual argumento falharia completamente.

Vejamos agora uma experiência algo diferente. Admitamos que exista um SC inercial no qual a lei da inércia seja válida. Já descrevemos o que acontece em um elevador em um SC inercial. Mas agora modificamos a nossa imagem. Alguém, do lado de fora, atou uma corda ao elevador e está puxando, com uma força constante, na direção indicada em nosso desenho. Não importa como isso é feito. Como as leis da mecânica são válidas nesse SC, o elevador inteiro se move com uma aceleração constante na direção do movimento. Ouviremos novamente a explicação dos fenômenos que ocorrem no elevador, descrita pelos observadores *interno* e *externo*.

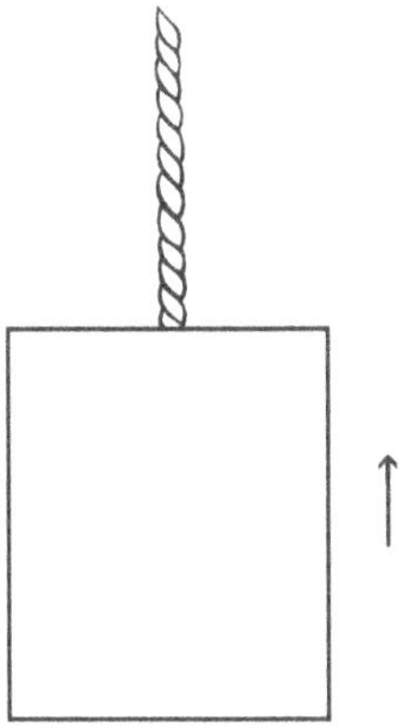

Figura 64

Observador externo: O meu SC é inercial. O elevador se move com aceleração constante, porque uma força constante está agindo. Os observadores internos estão em movimento absoluto e, para eles, as leis da mecânica são inválidas. Não consideram que os corpos sobre os quais as forças estão agindo estejam em repouso. Se um corpo é deixado em liberdade, cedo colide com o piso do elevador, porquanto o piso se move para cima, em direção do corpo. Isso acontece exatamente do mesmo modo para um relógio e para um lenço. A mim parece muito estranho que o observador de dentro do elevador deva estar sempre sobre o "piso", pelo fato de o piso alcançá-lo novamente assim que ele pule.

Observador interno: Não vejo razão alguma para se acreditar que o meu elevador esteja em movimento absoluto. Concordo quanto a que o meu SC, rigidamente ligado ao meu elevador, não seja inercial, mas não creio que isso tenha algo a ver com o movimento absoluto. Meu relógio, meu lenço e todos os corpos estão caindo porque o elevador inteiro está em um campo gravitacional. Noto exatamente os mesmos tipos de movimento que o homem que se encontra no solo. Ele os explica muito simplesmente pela ação do campo gravitacional. O mesmo se verifica para mim.

Essas duas descrições, uma do observador externo e outra do observador interno, são bastante consistentes, não havendo possibilidade alguma de se decidir qual das duas está certa. Podemos admitir qualquer das duas para a descrição dos fenômenos no elevador: seja o movimento não uniforme com ausência de campo gravitacional, com o observador externo, seja o repouso e a presença de um campo gravitacional, com o observador interno.

O observador externo poderá admitir que o elevador esteja em movimento não uniforme "absoluto". Mas um movimento que é afastado pela suposição da existência de um campo gravitacional atuante não pode ser considerado movimento absoluto.

Há, possivelmente, uma saída da ambiguidade de tais descrições diferentes, podendo, talvez, ser tomada uma decisão em favor de uma, contra a outra. Imagine-se que um raio de luz penetra horizontalmente o elevador por uma janela lateral e atinge a parede oposta após um tempo muito curto. Vejamos como a trajetória seria prevista pelos dois observadores.

O *observador externo*, acreditando no movimento acelerado do elevador, afirmaria: o raio de luz entra pela janela e se move horizontalmente em direção à janela oposta. Mas o elevador se move para cima e, durante o tempo em que a luz caminha para a parede, muda de posição. Portanto, o raio atingirá um ponto exatamente oposto ao de sua entrada, mas um pouco abaixo. A diferença será muito pequena, mas, não obstante, existe, e o raio de luz não caminha em linha reta, mas em linha ligeiramente curva, relativamente ao elevador. A diferença é decorrente da distância percorrida pelo elevador durante o tempo em que o raio está atravessando o interior.

O observador interno, que acredita no campo gravitacional agindo sobre todos os objetos em seu elevador, diria: não há movimento acelerado do elevador, mas apenas a ação do campo gravitacional. Um raio de luz não tem peso e, portanto, não será afetado pelo campo gravitacional. Se enviado em direção horizontal, atingirá a parede em um ponto exatamente oposto àquele pelo qual tenha entrado.

Parece, a julgar por essa discussão, haver uma possibilidade de decidir entre esses pontos de vista opostos, pois os fenômenos seriam diferentes para os dois observadores. Se nada há de ilógico em qualquer das duas explicações que acabamos de citar, então todo o nosso argumento anterior é destruído, e não podemos explicar todos os fenômenos de duas maneiras consistentes, com e sem um campo gravitacional.

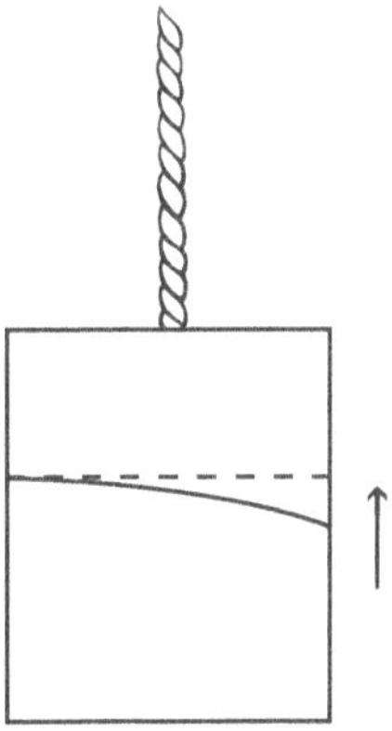

Figura 65

Mas há, felizmente, uma grave falha no raciocínio do observador interno, que salva nossa conclusão anterior. Ele declarou: "Um raio de luz não tem peso e, portanto, não será afeta do pelo campo gravitacional." Isso não pode estar certo! Um raio de luz porta energia, e energia tem massa. Mas toda massa inercial é atraída pelo campo gravitacional, pois as massas inercial e gravitacional são equivalentes. Um raio de luz se curvará em um campo gravitacional exatamente como o faria um corpo caso lançado horizontalmente com velocidade igual à da luz. Se o observador interno tivesse raciocinado corretamente e tivesse levado em conta a curvatura dos raios luminosos em um campo gravitacional, seus resultados teriam sido exatamente iguais aos do observador externo.

O campo gravitacional da Terra é, naturalmente, por demais fraco para que a curvatura dos raios de luz nele possa ser diretamente provada por experiência. Mas as famosas experiências feitas durante os eclipses solares mostram, conclusivamente, embora indiretamente, a influência de um campo gravitacional sobre a trajetória de um raio de luz

Segue-se desses exemplos que há uma bem fundada esperança de se formular uma física relativista. Mas, para tanto, temos primeiro de atacar o problema da gravitação.

Vimos, graças ao exemplo do elevador, a consistência das duas descrições. O movimento não uniforme pode ser ou não admitido. Podemos eliminar o movimento "absoluto" de nossos exemplos por meio de um campo gravitacional. Mas então nada há de absoluto no movimento não uniforme. O campo gravitacional é capaz de eliminá-lo completamente.

Os fantasmas do movimento absoluto e do SC inercial podem ser expulsos da física, construindo-se uma nova física relativista. As nossas experiências idealizadas mostram como o problema da teoria da relatividade generalizada está estreitamente ligado ao da gravitação e por que a equivalência entre massas gravitacional e inercial é tão básica nesse sentido. É claro que a solução do problema gravitacional na teoria da relatividade geral deve diferir da solução newtoniana. As leis da gravitação devem, como todas as leis da natureza, ser formuladas para todos os SC possíveis, enquanto as leis da mecânica clássica, conforme formuladas por Newton, são válidas apenas nos SC inerciais.

12
Geometria e experiência

O nosso próximo exemplo será ainda mais fantástico que o do elevador em queda. Temos de abordar um novo problema, o da conexão entre a teoria da relatividade geral e a geometria. Comecemos pela descrição de um mundo no qual vivem apenas criaturas bidimensionais, e não tridimensionais como no nosso. O cinema nos acostumou com criaturas bidimensionais representando em uma tela bidimensional. Imaginemos agora que essas figuras-sombra, isto é, os atores na tela, realmente existem, que têm o poder do pensamento, que podem criar sua própria ciência, e que, para elas, uma tela bidimensional representa o espaço geométrico. Essas criaturas são incapazes de imaginar, de um modo concreto, um espaço tridimensional, do mesmo modo como somos incapazes de imaginar um mundo de quatro dimensões. Podem desviar uma linha reta; sabem o que é um círculo, mas são incapazes de construir uma esfera, pois isso significaria abandonar a sua tela bidimensional. Estamos em situação semelhante. Estamos capacitados para desviar e curvar linhas e superfícies, mas dificilmente podemos imaginar um espaço tridimensional desviado e curvo.

Vivendo, pensando e experimentando, as nossas figuras-sombras poderiam finalmente dominar o conhecimento da geometria bidimensional euclidiana. Assim, poderiam provar, por exemplo, que a soma dos ângulos internos de um triângulo é 180 graus. Poderiam construir dois círculos com um centro comum, um muito pequeno e outro grande. Constatariam que a razão das circunferências desses dois círculos é igual à razão de seus raios, um resultado também característico da geometria euclidiana. Se a tela fosse infinitamente grande, esses seres-sombra descobririam que, uma vez tendo iniciado uma jornada reta, jamais voltariam ao seu ponto de partida.

Imaginemos agora essas criaturas bidimensionais vivendo em condições diferentes. Imaginemos que alguém de fora, a "terceira dimensão", as transfira da tela para a superfície de uma esfera de raio muito grande. Se essas sombras forem muito pequenas em comparação com a superfície inteira, se não tiverem meio de comunicação algum e não se puderem mover até muito longe, então elas não se aperceberão de qualquer mudança. A soma dos ângulos internos dos triângulos será 180 graus. Dois círculos pequenos com centro comum ainda mostrarão que as razões de suas circunferências e seus raios são iguais. Uma jornada em linha reta jamais as levará de volta ao ponto de partida.

Mas permitamos que essas criaturas-sombra desenvolvam, com o correr do tempo, seus conhecimentos teóricos e técnicos. Admitamos que encontrem meios de comunicação que lhes permitam cobrir grandes distâncias rapidamente. Elas descobrirão então que, iniciando uma jornada em linha reta, regressarão finalmente ao seu ponto de partida. "Em linha reta" significa ao longo do círculo máximo da esfera. Também constatarão que a razão de dois círculos com um centro comum não é igual à razão dos raios, se um dos raios for pequeno e o outro grande.

Se as nossas criaturas bidimensionais forem conservadoras, se tiverem aprendido a geometria euclidiana durante gerações quando não podiam viajar para longe e quando essa geometria se aplicava aos fatos observados, despenderão, certamente, todo esforço possível para se apegarem a ela, a despeito da evidência de suas medições. Poderiam fazer com que a física suportasse a carga dessas discrepâncias. Poderiam buscar algumas razões físicas, digamos, diferenças de temperatura, deformando as linhas e ocasionando um desvio da geometria euclidiana. Porém, mais cedo ou mais tarde, acharão que há um modo muito mais lógico e convincente de descrever essas ocorrências. Compreenderão finalmente que o seu mundo é finito, com princípios geométricos diferentes daqueles que haviam aprendido. Compreenderão que, a despeito de sua incapacidade para imaginá-la, seu mundo é a superfície bidimensional de uma esfera. Cedo aprenderão novos princípios de geometria, os quais, a despeito de diferirem dos euclidianos, podem, não obstante, ser formulados de modo igualmente consistente e lógico para o seu mundo bidimensional. À nova geração criada com o conhecimento da geometria da esfera, a velha geometria euclidiana parecerá mais complicada e artificial, porquanto não se coaduna com os fatos observados.

Voltemos às criaturas tridimensionais de nosso mundo.

Que se quer dizer com a declaração de que o nosso espaço tridimensional é euclidiano? O significado é que todas as declarações lógicas provadas da geometria euclidiana podem ser também confirmadas pela experiência real. Podemos, com a ajuda de corpos rígidos ou de raios de luz, construir objetos correspondentes aos objetos idealizados da geometria euclidiana. A aresta de uma régua ou um raio de luz corresponde à linha; a soma dos ângulos internos de um triângulo construído com hastes delgadas é 180 graus; a razão dos raios de dois círculos com um centro comum, construídos de arames finos flexíveis, é igual à de suas circunferências. Assim interpretada, a geometria euclidiana se torna um capítulo da física, embora muito simples.

Mas podemos imaginar que foram descobertas discrepâncias, como, por exemplo, a de que a soma dos ângulos internos de um triângulo grande, construído de hastes, que por muitas razões tinham de ser consideradas rígidas, não é 180 graus. Como já estamos acostumados com a ideia de representação concreta dos objetos da geometria euclidiana por corpos rígidos, provavelmente buscaríamos alguma força física para causa desse inesperado mau procedimento de nossas hastes. Tentaríamos determinar a natureza física dessa força e sua influência sobre os fenômenos. Com o propósito de salvar a geometria euclidiana, acusaríamos os objetos de não serem rígidos, de não corresponderem exatamente aos da geometria euclidiana. Tentaríamos encontrar uma representação melhor dos corpos comportando-se do modo esperado pela geometria euclidiana. Se, contudo, não tivéssemos êxito em combinar a geometria euclidiana e a física em um quadro simples e consistente, teríamos de abandonar a ideia de ser o nosso espaço euclidiano e de buscar um quadro convincente da realidade sob suposições mais gerais sobre o caráter geométrico de nosso espaço.

A necessidade disso pode ser ilustrada por uma experiência idealizada mostrando que uma física realmente relativista não pode ser baseada na geometria euclidiana. O nosso argumento implicará resultados já aprendidos relativos aos SC inerciais e à teoria da relatividade especial.

Imagine-se um disco grande, tendo sobre ele desenhados dois círculos concêntricos, um muito pequeno e o outro muito grande. O disco gira rapidamente. Está rodando relativamente a um observador externo, e há um observador interno no disco. Admitamos ainda que o SC do observador externo seja inercial. O observador externo poderá desenhar, em seu SC inercial, os mesmos dois círculos, pequeno e grande, repousando em seu SC, mas coincidindo com os círculos do disco giratório. A geometria euclidiana é válida em seu SC, porquanto ele é inercial, de modo que será a razão das circunferências igual à dos raios. Mas que dizer do observador postado no disco? Do ponto de vista da física clássica, e também da teoria da relatividade especial, o seu SC é proibitivo. Mas como nos propomos encontrar novas formas para as leis físicas, válidas em qualquer SC, então devemos tratar o observador de cima do disco e o observador externo com igual seriedade. Estamos agora, do lado de fora, observando o observador que tenta encontrar, por medições, as circunferências e os raios do disco giratório. Usa a mesma régua pequena empregada pelo observador externo. "A mesma" significa realmente a mesma, isto é, a mesma régua entregue pelo observador externo ao interno, ou uma de duas réguas que têm igual comprimento quando em repouso em um SC.

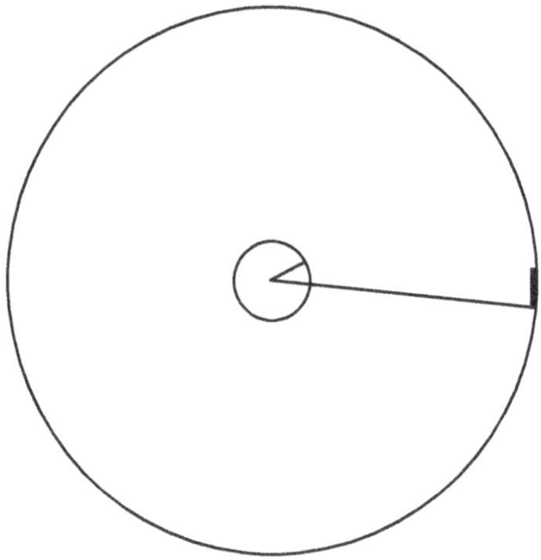

Figura 66

O observador interno do disco começa a medir o raio e a circunferência do círculo pequeno. Seu resultado deve ser o mesmo que o do observador externo. O eixo em torno do qual o disco gira passa pelo centro comum. As partes do disco próximas do centro têm velocidades muito pequenas. Se o círculo for suficientemente pequeno, podemos aplicar a mecânica clássica com segurança, ignorando a teoria da relatividade restrita. Isso significa que a régua tem o mesmo comprimento para os observadores externo e interno, e as duas serão iguais para ambos. Agora o observador interno mede o raio do disco maior. Colocada sobre o raio, a régua se move, para o observador externo. Porém, tal régua não se contrai e terá o mesmo comprimento para ambos os observadores, já que a direção do movimento é perpendicular à régua. Assim, as três medições são iguais para os dois observadores: dois raios e a circunferência menor. Mas não se dá o mesmo no tocante à quarta medição! O comprimento da circunferência maior será diferente para os dois observadores. A régua colocada sobre a circunferência na direção do movimento parecerá agora contraída ao observador externo, em comparação com a sua régua em repouso. A velocidade é muito maior do que sobre o círculo interno e essa contração deve ser levada em consideração. Se, portanto, aplicamos os resultados da teoria da relatividade restrita, a nossa conclusão aqui é: o comprimento da circunferência grande deve ser diferente quando medido pelos dois observadores. Como apenas um dos quatro comprimentos medidos pelos dois observadores não é o mesmo para ambos, a razão dos dois raios não pode ser igual à razão das duas circunferências, para o observador interno e para o observador externo. Isso significa que o observador que está sobre o disco não pode confirmar a validez da geometria euclidiana em seu SC.

Após obter esse resultado, o observador sobre o disco poderia dizer que não desejava considerar os SC nos quais a geometria euclidiana não fosse válida. A derrocada da geometria euclidiana é consequência da rotação absoluta, do fato de o seu SC ser mau e proibitivo. Mas, ao argumentar dessa maneira, ele rejeita a ideia principal da teoria da relatividade geral. Por outro lado, se queremos rejeitar o movimento absoluto e manter a ideia da teoria da relatividade geral, então a física deve ser toda ela construída sobre uma geometria mais generalizada que a euclidiana. Não há uma saída dessa consequência se forem permissíveis todos os SC.

As alterações ocasionadas pela teoria da relatividade generalizada não podem ficar restritas apenas ao espaço. Na teoria da relatividade restrita, tivemos relógios em repouso em todo SC, tendo o mesmo ritmo e sincronizados, isto é, indicando o mesmo tempo simultaneamente. Que acontece a um relógio em um SC não inercial? Será novamente usada a experiência idealizada com o disco. O observador externo tem em seu SC inercial relógios perfeitos, todos com o mesmo ritmo e sincronizados. O observador interno toma de dois relógios do mesmo tipo, colocando um deles no círculo menor, interno, e o outro no círculo maior, externo. O relógio do círculo interior tem velocidade muito menor relativamente ao observador externo. Podemos, portanto, concluir, em segurança, que o seu ritmo será o mesmo que o do relógio de fora do círculo. Mas o relógio do círculo exterior tem uma velocidade considerável, mudando de ritmo em comparação com os relógios do observador externo, e, portanto, em comparação com o relógio colocado sobre o círculo pequeno. Assim, os dois relógios giratórios terão ritmos diferentes e, aplicando os resultados da teoria da relatividade restrita, vemos novamente que não podemos, em nosso SC giratório, fazer quaisquer arranjos semelhantes aos feitos em um SC inercial.

Para esclarecer que conclusões podem ser tiradas desta experiência idealizada e de outras anteriores, transcrevamos uma vez mais um diálogo entre o físico antigo *A*, que acredita na física clássica, e o físico moderno *M*, que conhece a teoria da relatividade geral.

A: Em seu SC, a geometria euclidiana não é válida. Observei suas medições e concordo quanto a que a razão das duas circunferências não seja, em seu SC, igual à razão dos dois raios. Mas isso mostra que o seu SC é proibitivo. O meu SC é, contudo, inercial e eu posso aplicar a geometria euclidiana com segurança. O seu disco está em movimento absoluto e, sob o ponto de vista da física clássica, forma um SC proibitivo, no qual as leis da mecânica não são válidas.

M: Não desejo ouvir coisa alguma sobre movimento absoluto. O meu SC é tão bom quanto o seu. O que notei foi a sua rotação com relação ao meu disco. Ninguém me pode proibir de relacionar todos os movimentos com o meu disco.

A: Mas você não sentiu uma força estranha tentando mantê-lo afastado do centro do disco? Se o seu disco não fosse um carrossel rodando rapidamente, as duas coisas que você observou certamente não teriam acontecido. Não teria notado força impelindo-o para fora, nem tampouco teria notado não ser a geometria euclidiana aplicável em seu SC. Não serão esses fatos suficientes para convencê-lo de que o seu SC está em movimento absoluto?

M: De modo algum! Certamente notei os dois fatos que menciona, mas considero um campo gravitacional estranho atuando sobre o meu disco responsável por ambos. O campo gravitacional, por ser dirigido para fora do disco, deforma minhas hastes rígidas e altera o ritmo de meus relógios. O campo gravitacional, a geometria não euclidiana e os relógios com ritmos diferentes estão, todos, para mim, estreitamente relacionados entre si. Aceitando qualquer SC, devo, ao mesmo tempo, admitir a existência de um campo gravitacional apropriado com sua influência sobre hastes rígidas e relógios.

A: Mas você está ciente das dificuldades ocasionadas por sua teoria da relatividade generalizada? Eu gostaria de esclarecer o que digo por meio de um exemplo não físico. Imagine uma cidade norte-americana idealizada consistindo de ruas paralelas com avenidas paralelas a elas perpendiculares. A distância entre as ruas e também entre as avenidas é sempre a mesma. Preenchidas essas condições, os quarteirões são exatamente do mesmo tamanho. Posso, dessa maneira, caracterizar facilmente a posição de qualquer quarteirão. Mas tal construção seria impossível sem o uso da geometria euclidiana. Assim, por exemplo, não podemos cobrir o nosso mundo inteiro com uma grande cidade norte-americana idealizada. Uma olhadela para o globo irá convencê-lo. Mas nem tampouco poderíamos cobrir o seu disco com uma "construção de cidade norte-americana". Você alega que as suas hastes são deformadas pelo campo gravitacional. O fato de você não poder confirmar o teorema de Euclides sobre a igualdade dos raios e circunferências mostra claramente que se você levar suficientemente longe tal construção de ruas e avenidas, mais cedo ou mais tarde se encontrará em dificuldades e constatará ser isso impossível sobre o seu disco. A sua geometria sobre um disco giratório se assemelha à geometria sobre uma superfície curva, na qual a construção de ruas e avenidas é, naturalmente, impossível em parte suficientemente grande da superfície. Como exemplo mais físico, tome-se um plano irregularmente aquecido com diferentes temperaturas em partes diferentes da superfície. Você poderá, com pequenas réguas de ferro que se expandem em comprimento com a temperatura, realizar a construção "paralelo-perpendicular" que apresento a seguir? Claro que não! O seu "campo gravitacional" faz os mesmos truques com as suas hastes que a temperatura com as pequenas réguas de ferro.

M: Tudo isso não me assusta. A construção ruas-avenidas é necessária para determinar posições de pontos, com o relógio para ordenar os acontecimentos. A cidade não precisa existir.

A: Mas ainda vejo uma dificuldade. Você é forçado a usar a sua "estrutura de construção europeia". Concordo quanto a que você possa ordenar os pontos, mas essa construção perturbará toda medição de distâncias. Não lhe dará as *propriedades métricas* do espaço, como o faz a minha construção. Americana, ela poderia muito bem

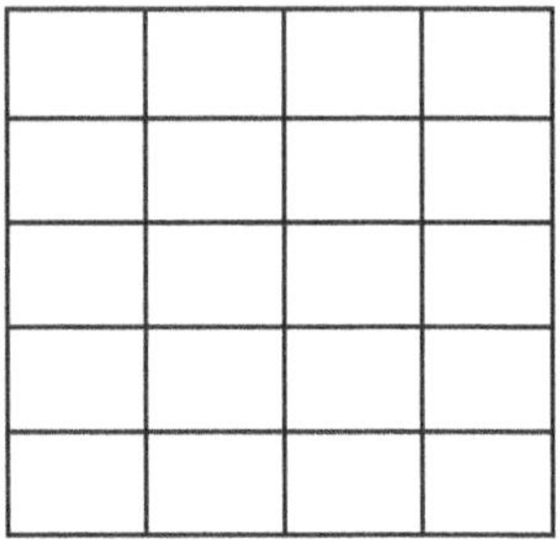

Figura 67

ser europeia antiga. Imagine a sua cidade idealizada feita de matéria plástica e depois deformada. Ainda posso enumerar os quarteirões e reconhecer ruas e avenidas, embora estas não mais sejam retas e equidistantes. Do mesmo modo, em nossa Terra, longitude e latitude denotam as posições de pontos, embora não exista a construção da "cidade norte-americana". Veja um exemplo. Eu sei, em minha cidade norte-americana, que, para percorrer dez quarteirões, tenho de percorrer duas vezes a distância de cinco quarteirões. Como sei que todos os quarteirões são iguais, posso imediatamente determinar as distâncias.

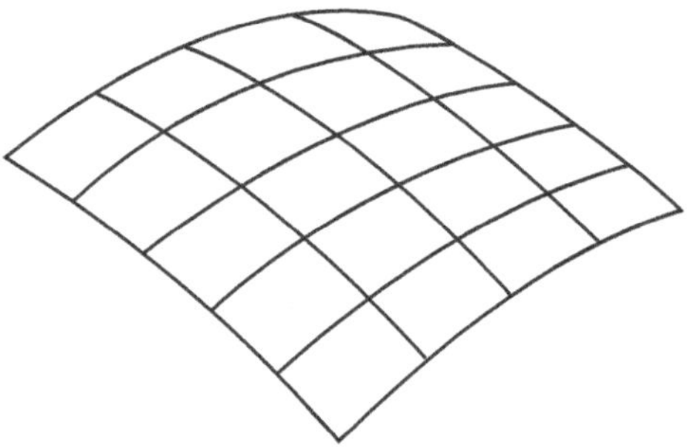

Figura 68

M: Isso é verdade. Em minha estrutura de "construção europeia", não posso medir distâncias imediatamente pelo número de quarteirões deformados. Devo conhecer algo mais; devo conhecer as propriedades geométricas de minha superfície. Do mesmo modo como todos sabem que a distância de longitude 0° a longitude 10° sobre o Equador não é a mesma que de longitude 0° a longitude 10° perto do Polo Norte. Mas todo navegador sabe como julgar a distância entre dois pontos como esses em nossa Terra, porque conhece suas propriedades geométricas. Pode fazê-la por cálculos baseados em trigonometria esférica ou experimentalmente, navegando com o seu navio as duas distâncias com a mesma velocidade. No seu caso o problema é inteiramente sem importância, porque todas as ruas e avenidas estão separadas pela mesma distância. No caso da Terra, é mais complicado; os dois meridianos 0° e 10° se encontram nos polos da Terra e estão mais distanciados entre si no Equador. Do mesmo modo, em minha "estrutura de cidade europeia", devo conhecer algo mais do que você em sua "estrutura de cidade norte-americana", para poder determinar distâncias. Posso adquirir esse conhecimento adicional estudando as propriedades geométricas de meu contínuo em todos os casos particulares.

A: Mas tudo isso só serve para mostrar como é inconveniente e complicado trocar-se a estrutura simples da geometria euclidiana pelo intrincado andaime que você tem de usar. Será isso realmente necessário?

M: Receio que sim, caso queiramos aplicar a nossa física a qualquer SC sem o misterioso SC inercial. Concordo quanto a que o meu instrumental matemático seja mais complicado do que o seu, mas as minhas suposições físicas são mais simples e naturais.

A discussão foi restringida aos contínuos bidimensionais. A questão em jogo na teoria da relatividade geral é ainda mais complicada, porquanto não se trata do contínuo bidimensional, mas do contínuo quadridimensional. Mas as ideias são as mesmas esboçadas no caso bidimensional. Não podemos usar na teoria da relatividade generalizada as hastes paralelo-perpendiculares e os relógios sincronizados, como no SC inercial da teoria da relatividade restrita. Podemos ainda ordenar os acontecimentos com as nossas hastes e os nossos relógios não euclidianos arrítmicos. Mas as medições reais, exigindo hastes rígidas e relógios rítmicos e sincronizados perfeitos, só podem ser feitas no SC inercial local. Para isso, a teoria da relatividade restrita é toda ela válida; mas o nosso SC "bom" é apenas local, sendo o seu caráter inercial limitado no tempo e no espaço.

Até em nosso se arbitrário podemos prever os resultados das medições feitas no se inercial local. Mas para tanto temos de conhecer o caráter geométrico de nosso contínuo de espaço-tempo.

As nossas experiências idealizadas indicam apenas o caráter geral da nossa física relativista. Mostram-nos que o nosso problema fundamental é o da gravitação. Também nos mostram que a teoria da relatividade generalizada conduz a maiores generalizações dos conceitos de espaço e tempo.

13
Relatividade geral e sua verificação

A teoria da relatividade generalizada tenta formular leis físicas para todos os SC. O problema fundamental da teoria é o da gravitação. A teoria marca o primeiro esforço sério, desde o tempo de Newton, de formular a lei da gravitação. Será isso realmente necessário? Já aprendemos sobre as grandes realizações da teoria de Newton, sobre o grande desenvolvimento da astronomia baseado nessa lei da gravitação. A lei de Newton ainda continua sendo a base dos cálculos astronômicos. Mas também aprendemos sobre algumas objeções à velha teoria. A lei de Newton só é válida no SC inercial da física clássica, em um SC definido, como estamos lembrados, pela condição de que as leis da mecânica fossem neles válidas. A força entre duas massas depende da distância entre os dois. A conexão entre força e distância é, como sabemos, invariável com respeito à transformação clássica. Mas essa lei não encaixa na estrutura da relatividade restrita. A distância não é invariável com respeito à transformação de Lorentz. Poderíamos tentar, como o fizemos com tanto êxito com as leis do movimento, generalizar a lei gravitacional, a fim de fazer com que SC amoldasse à teoria da relatividade restrita, ou, em outras palavras, formular essa lei de modo que ela fosse invariável com respeito à transformação de Lorentz, e não à clássica. Mas a lei gravitacional de Newton se opôs obstinadamente a todos os nossos esforços para simplificá-la e subordiná-la ao plano da teoria da relatividade restrita. Mesmo que tivéssemos êxito nisso, ainda seria necessário mais um passo: um passo do SC inercial da teoria da relatividade restrita para o SC arbitrário da teoria da relatividade generalizada. Por outro lado, as experiências idealizadas sobre o elevador em queda mostram claramente não haver possibilidade alguma de se formular a teoria da relatividade generalizada sem que se resolva o problema da gravitação. Vemos, de nosso argumento, porque a solução do problema gravitacional diferirá na física clássica e na relatividade generalizada.

Tentamos indicar o caminho que leva à teoria da relatividade generalizada e as razões que nos forçaram a mudar uma vez mais os nossos velhos pontos de vista. Sem entrarmos na estrutura formal da teoria, devemos caracterizar algumas particularidades da nova teoria gravitacional em comparação com a antiga. Não deve ser muito difícil perceber-se a natureza dessas diferenças em vista de tudo o que já foi dito.

1) As equações gravitacionais da teoria da relatividade generalizada podem ser aplicadas a qualquer SC. É meramente questão de conveniência escolher-se qualquer SC em um caso especial. Teoricamente, todos os SC são permissíveis. Ignorando a gravitação, voltamos automaticamente ao SC inercial da teoria da relatividade restrita.

2) A lei gravitacional de Newton liga o movimento de um corpo aqui e agora com o movimento de um corpo ao mesmo tempo a uma grande distância. Essa é a lei que formou um modelo para todo o nosso conceito mecânico. Mas o conceito mecânico ruiu. Nas equações de Maxwell, realizamos um modelo para as leis da natureza. As equações de Maxwell são leis estruturais. Ligam acontecimentos que ocorrem agora e aqui com acontecimentos que ocorrerão um pouco mais tarde nas vizinhanças imediatas. São as leis que descrevem as alterações do campo eletromagnético. As nossas novas equações gravitacionais são também leis estruturais descrevendo as alterações do campo gravitacional. Esquematicamente falando, poderíamos dizer: a transição da lei gravitacional de Newton para a relatividade geral se assemelha com a transição da teoria dos fluidos elétricos com a lei de Coulomb para a teoria de Maxwell.

3) O nosso mundo não é euclidiano. A natureza geométrica do nosso mundo é moldada por massas e suas velocidades. As equações

gravitacionais da teoria da relatividade generalizada tentam revelar as propriedades geométricas de nosso mundo.

Suponhamos, por momentos, que tenhamos conseguido cumprir consistentemente o programa da teoria da relatividade generalizada. Mas não estaremos em perigo de levar a especulação até muito longe da realidade? Sabemos como a velha teoria explica tão bem as observações astronômicas. Haverá uma possibilidade de se construir uma ponte entre a nova teoria e a observação? Toda especulação deve ser posta à prova pela experiência, e quaisquer resultados, por mais atraentes que sejam, devem ser rejeitados caso não se amoldem aos fatos. Como se portou a nova teoria da gravitação na experiência em que foi posta à prova? Essa pergunta pode ser respondida em uma só sentença: a teoria antiga é um caso especial limitativo da nova teoria. Se as forças gravitacionais forem relativamente fracas, a velha lei newtoniana se revelará uma boa aproximação das novas leis da gravitação. Assim, todas as observações que justificam a teoria clássica justificam também a teoria da relatividade generalizada. Reconsideramos a velha teoria do nível mais alto da nova teoria.

Ainda que não se pudessem citar mais observações em favor da nova teoria, se sua explicação fosse apenas tão boa quanto a antiga, teríamos, no caso de uma livre escolha entre as duas, de decidir em favor da nova. As equações da nova teoria são, do ponto de vista formal, mais complicadas, mas suas suposições são, do ponto de vista dos princípios fundamentais, muito mais simples. Os dois fantasmas assustadores, tempo absoluto e sistema inercial, desapareceram. A pista da equivalência entre a massa gravitacional e a inercial não é desprezada. Não é necessária qualquer suposição a respeito das forças gravitacionais e sua dependência da distância. As equações gravitacionais têm a forma de leis de estrutura, a forma exigida por todas as leis físicas desde as grandes realizações da teoria de campo.

Algumas deduções novas, que não estão contidas na lei gravitacional de Newton, podem ser tiradas das novas leis gravitacionais. Uma delas, a da curvatura dos raios de luz em um campo gravitacional, já foi citada. Duas outras serão agora mencionadas.

Se as velhas leis se seguem das novas quando as forças gravitacionais são fracas, os desvios da lei de gravitação de Newton só podem ser esperados para forças gravitacionais relativamente fortes. Veja-se o nosso sistema solar. Os planetas, entre eles a nossa Terra, se movem em trajetórias elíticas em torno do Sol. Mercúrio é o planeta mais próximo do Sol. A atração entre o Sol e Mercúrio é mais forte do que entre o Sol e qualquer outro planeta, porquanto a distância é menor. Se há qualquer esperança de encontrar um desvio da lei de Newton, a grande oportunidade está no caso de Mercúrio. Segue-se, da teoria clássica, que a trajetória descrita por Mercúrio é do mesmo tipo que a de qualquer outro planeta, exceto que está mais próxima do Sol. De acordo com a teoria da relatividade generalizada, o movimento deveria ser ligeiramente diferente. Não apenas Mercúrio teria de girar em torno do Sol, mas também a elipse que ele descreve deveria rodar muito lentamente em relação ao SC próximo ao Sol. Essa rotação da elipse expressa o novo efeito da teoria da relatividade generalizada. A elipse de Mercúrio realizaria uma rotação completa em três milhões de anos! Vemos como é pequeno o efeito e como seria desesperançoso buscá-lo no caso dos planetas mais afastados do Sol.

O desvio do movimento do planeta Mercúrio da elipse era conhecido antes de a teoria da relatividade geral ter sido formulada e não se podia encontrar explicação alguma. Por outro lado, a relatividade geral se desenvolveu sem qualquer atenção a esse problema especial. Somente mais tarde foi a conclusão sobre a rotação da elipse no movimento do planeta em torno do Sol tirada das novas equações gravitacionais. No caso de Mercúrio, a teoria explicou com êxito o desvio do movimento da lei newtoniana.

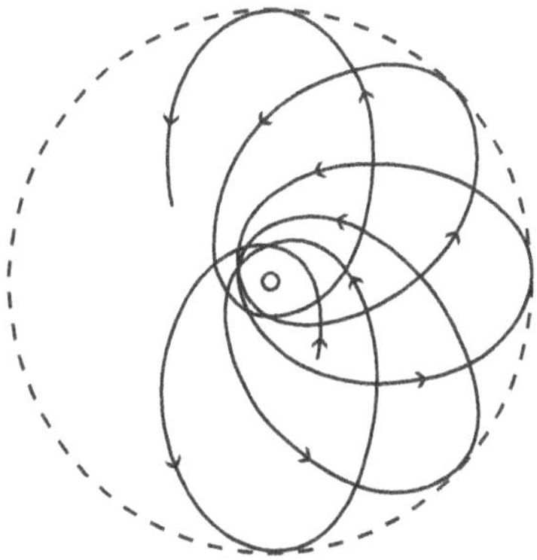

Figura 69

Mas há ainda mais uma conclusão que foi tirada da teoria da relatividade generalizada e comparada com a experiência. Já vimos que um relógio colocado sobre o círculo maior de um disco em rotação tem um ritmo diferente do daquele colocado sobre o disco menor. Do mesmo modo, segue-se da teoria da relatividade que um relógio colocado no Sol teria ritmo diferente do de outro colocado na Terra, porquanto a influência do campo gravitacional é muito mais forte no Sol do que na Terra. Observamos que o sódio, quando incandescente, emite luz amarela homogênea de um comprimento de onda definido. Nessa radiação, o átomo revela um de seus ritmos, representando, por assim dizer, um relógio e, o comprimento de onda, um de seus ritmos. De acordo com a teoria da relatividade generalizada, o comprimento de onda da luz emitida pelo átomo de sódio colocado, digamos, no Sol seria muito ligeiramente maior do que o da luz emitida pelo átomo de sódio em nossa Terra.

O problema de pôr à prova as consequências da teoria da relatividade generalizada pela observação é intricado e de modo algum resolvido. Como estamos interessados em ideias principais, não nos propomos aprofundar mais essa questão, apenas declarando que o veredicto da experiência parece, até agora, confirmar as conclusões tiradas da teoria da relatividade generalizada.

14

Campo e matéria

Vimos como e por que o ponto de vista mecânico desmoronou. Era impossível explicar todos os fenômenos admitindo-se que forças simples atuam entre partículas inalteráveis. Nossas primeiras tentativas de ir além do ponto de vista mecânico e introduzir conceitos de campo foram coroadas de êxito no domínio dos fenômenos eletromagnéticos. As leis estruturais para o campo eletromagnético foram formuladas; leis ligando acontecimentos muito próximos um do outro no tempo e no espaço. Essas leis cabem na estrutura da teoria da relatividade restrita, porquanto são invariáveis com respeito à transformação de Lorentz. Mais tarde, a teoria da relatividade generalizada formulou as leis gravitacionais. Elas são também leis que descrevem o campo gravitacional entre partículas materiais. Foi também fácil generalizar as leis de Maxwell para que pudessem ser aplicadas a qualquer SC, como as leis gravitacionais da teoria da relatividade generalizada.

Temos duas realidades: *matéria e campo*. Não há dúvida alguma quanto a não podermos, no presente, imaginar toda a física construída sobre o conceito de matéria, como o fizeram os físicos dos primórdios do século XIX. No momento, aceitamos ambos os conceitos. Poderemos pensar em matéria e campo como duas realidades distintas e diferentes? Dada uma pequena partícula de matéria, poderíamos visualizar de modo singelo a existência de uma superfície definida da partícula na qual ela deixa de existir e seu campo gravitacional aparece. Em nossa visão, a região na qual as leis de campo são válidas é abruptamente separada da região na qual a matéria está presente. Mas quais são os critérios físicos que distinguem matéria e campo? Antes de termos aprendido a respeito da teoria da relatividade, poderíamos ter tentado responder do seguinte modo a essa questão: matéria tem massa, enquanto campo não tem. Campo representa energia, matéria representa massa. Mas já sabemos que tal resposta é insuficiente em vista dos conhecimentos posteriormente adquiridos. Sabemos, com base na teoria da relatividade, que a matéria representa enormes reservatórios de energia e que energia representa matéria. Não podemos, desse modo, distinguir entre matéria e campo, porquanto a distinção entre massa e energia não é qualitativa. Folgadamente, a maior parte da energia está concentrada na matéria; mas o campo que circunda a partícula também representa energia, embora em quantidade incomparavelmente menor. Poderíamos, portanto, dizer: matéria é onde a concentração de energia é grande, e campo onde a concentração de energia é pequena. Mas se esse for o caso, então a diferença entre matéria e energia é mais quantitativa do que qualitativa. Não há sentido algum em se considerar matéria e energia como duas qualidades muito diferentes uma da outra. Não podemos imaginar uma superfície definida separando distintamente campo e matéria.

A mesma dificuldade surge para a carga e seu campo. Parece impossível dar-se um critério qualitativo óbvio para distinguir entre matéria e campo ou entre carga e campo.

Nossas leis estruturais, isto é, as leis de Maxwell e as leis gravitacionais, desmoronam no caso de concentrações muito grandes de energia, ou, como podemos dizer, onde fontes do campo, isto é, cargas elétricas ou matéria, estão presentes. Mas não poderíamos modificar ligeiramente as nossas equações para que fossem válidas em toda parte, até mesmo em regiões nas quais a energia está enormemente concentrada?

Não podemos construir a física somente com base no conceito de matéria. Mas a divisão em matéria e campo é, após o reconhecimento da equivalência entre massa e energia, algo artificial que não está claramente definido. Não poderíamos rejeitar o conceito de matéria e construir uma física puramente de campo? O que impressiona os nossos sentidos é, na realidade, uma grande concentração de energia em um espaço relativamente pequeno. Poderíamos considerar a matéria como as regiões do espaço em que o campo é extremamente forte. Dessa maneira poderia ser criada uma nova base filosófica. Sua meta final seria a explicação de todos os acontecimentos da natureza por leis estruturais sempre válidas em toda parte. Uma pedra que se lança é, sob esse ponto de vista, um campo em alteração, em que os estados do maior campo caminham pelo espaço com a velocidade da pedra. Não haveria, em nossa nova física, lugar para campo e matéria juntos, sendo o campo a única realidade. Esse novo ponto de vista é sugerido pelas grandes realizações da física de campo, por nosso êxito em expressar as leis da eletricidade, do magnetismo, e da gravitação, sob a forma de leis estruturais, e, finalmente pela equivalência entre massa e energia. O nosso problema final seria modificar nossas leis de campo de tal maneira que elas não ruíssem para as regiões nas quais a energia esteja enormemente concentrada.

Mas não conseguimos, até agora, cumprir com êxito esse programa convincente e consistentemente. A decisão sobre se é possível cumpri-lo pertence ao futuro. No momento, devemos ainda admitir duas realidades em todas as nossas construções teóricas reais: campo e matéria.

Ainda temos diante de nós problemas fundamentais. Sabemos que toda a matéria é construída de apenas uns poucos tipos de matéria. Como serão as várias formas de matéria construídas com essas partículas elementares? Como essas partículas elementares interatuam com o campo? Pela busca de uma resposta para essas perguntas foram introduzidas novas ideias da *teoria do quantum*.

:Resumindo

Um novo conceito aparece em física, a mais importante invenção desde o tempo de Newton: o campo. Foi necessária grande imaginação científica para se perceber que não são as cargas nem as partículas, mas o campo no espaço entre as cargas e as partículas, o que é essencial para a descrição dos fenômenos físicos. O conceito de campo se revela vitorioso e conduz à formulação das equações de Maxwell descrevendo a estrutura do campo eletromagnético e governando tanto os fenômenos elétricos como os óticos.

A teoria da relatividade surge dos problemas do campo. As contradições e inconsistências da velha teoria nos forçam a atribuir novas propriedades ao contínuo de espaço-tempo, ao cenário de todos os acontecimentos de nosso mundo físico.

A teoria da relatividade se desenvolve em dois passos. O primeiro passo conduz ao que é conhecido como teoria da relatividade restrita, aplicada apenas a sistemas coordenados inerciais, isto é, a sistemas nos quais a lei da inércia, segundo formulada por Newton, é válida. A teoria da relatividade restrita é baseada em duas suposições fundamentais: as leis físicas são as mesmas em todos os sistemas coordenados que se movam uniformemente um em relação ao outro; a velocidade da luz tem sempre o mesmo valor. Dessas suposições, plenamente confirmadas pela experiência, são deduzidas as propriedades das hastes e relógios em movimento, suas alterações de comprimento e de ritmo dependendo da velocidade. As velhas leis são inválidas se a velocidade da partícula em movimento se aproxima da velocidade da luz. As novas leis para um corpo em movimento, segundo formuladas pela teoria da relatividade, são esplendidamente confirmadas pela experiência. Outra consequência da teoria da relatividade (restrita) é a conexão entre massa e energia. Massa é energia e energia é massa. As duas leis da conservação da massa e da energia são combinadas pela teoria da relatividade em apenas uma, a lei da conservação da massa-energia.

A teoria da relatividade geral proporciona uma análise ainda mais profunda do contínuo de espaço-tempo. A validez da teoria não mais está restrita a sistemas coordenados, inerciais. A teoria ataca o problema da gravitação e formula novas leis estruturais para o campo gravitacional. Força-nos a analisar o papel desempenhado pela geometria na descrição do mundo físico. Considera o fato de as massas gravitacional e inercial serem iguais essencial, e não meramente acidental, como na mecânica clássica. As consequências experimentais da teoria da relatividade generalizada diferem apenas ligeiramente das consequências da mecânica clássica. Resistem bem à prova da experiência sempre que a comparação é possível. Mas a força da teoria está em sua consistência interna e na simplicidade de suas suposições fundamentais.

A teoria da relatividade acentua a importância do conceito de campo em física. Mas ainda não conseguimos formar uma física de campo pura. No momento, devemos ainda admitir a existência de ambos: campo e matéria.

PARTE IV
Quanta

1
Continuidade-descontinuidade

Um mapa da cidade de Nova York e seus arredores está aberto diante de nós. Perguntamos: a que pontos desse mapa podemos chegar viajando de trem? Após determinar esses pontos em um horário ferroviário, marcamos eles no mapa. Alteramos agora a nossa questão e perguntamos: que pontos podem ser atingidos por automóvel? Se traçamos linhas no mapa representando todas as estradas de rodagem partindo de Nova York, todos os pontos dessas estradas podem, de fato, ser atingidos por automóvel. Em ambos os casos temos conjuntos de pontos. No primeiro, eles estão separados uns dos outros e representam as diversas estações ferroviárias; no segundo, são os pontos ao longo das linhas que representam as rodovias. A nossa próxima pergunta é sobre a distância de Nova York e cada um desses pontos, ou, com mais rigor, de certo ponto daquela cidade. No primeiro caso, certos números correspondem aos pontos de nosso mapa. Esses números mudam a passos largos irregulares, mas sempre finitos. Dizemos: as distâncias de Nova York aos lugares que podem ser atingidos por trem mudam apenas de modo *descontínuo*. As distâncias aos lugares que podem ser atingidos por automóvel podem, contudo, mudar por passos tão pequenos quanto queiramos, podem variar de modo *contínuo*. As alterações da distância podem ser tornadas arbitrariamente pequenas, no caso de um automóvel, mas não no caso de um trem.

O rendimento de uma mina de carvão pode mudar de modo contínuo. A quantidade de carvão pode ser diminuída ou aumentada a passos arbitrariamente pequenos. Mas o número de mineiros empregados só pode mudar descontinuamente. Seria pura insensatez dizer: "Desde ontem, o número de empregados aumentou em 3,783."

Arguido sobre a quantidade de dinheiro que tem no bolso, um homem pode citar um número contendo apenas duas decimais. Uma soma em dinheiro só pode mudar aos saltos, de modo descontínuo. Nos Estados Unidos, o menor troco permissível, ou, como poderemos chamar, o "*quantum* elementar" do dinheiro norte-americano, é um centavo. O *quantum* elementar do dinheiro inglês é um *farthing*, que vale apenas uma metade do *quantum* elementar norte-americano. Temos aqui um exemplo de dois *quanta* elementares cujos valores mútuos podem ser comparados. A razão de seus valores tem um sentido definido, porquanto um deles é o dobro do outro.

Podemos dizer: algumas quantidades podem mudar continuamente e outras apenas descontinuamente, por passos que não se poderão reduzir. Esses passos indivisíveis são chamados *quanta* elementares da quantidade a que se referem.

Podemos pesar grandes quantidades de areia e considerar sua massa contínua, muito embora sua estrutura granular seja evidente. Mas se a areia se tornasse muito preciosa, e as balanças muito sensíveis, teríamos de considerar o fato de a massa sempre mudar em números múltiplos de um grão. A massa desse grão seria o nosso *quantum* elementar. Vemos, desse exemplo, como o caráter descontínuo de uma quantidade, até então considerada contínua, pode ser detectado aumentando a precisão de nossas medições.

Se tivéssemos de caracterizar a ideia principal da teoria quântica em uma sentença, poderíamos dizer: *deve-se admitir que algumas quantidades físicas até agora consideradas contínuas são compostas de* quanta *elementares.*

A região dos fatos abrangidos pela teoria dos *quanta* é tremendamente grande. Esses fatos foram desvendados pela técnica "altamente desenvolvida da experiência moderna. Como não podemos mostrar nem descrever até mesmo as experiências básicas, teremos de citar seus resultados dogmaticamente. Nosso propósito é explicar somente as ideias subjacentes.

2
Quanta elementares de matéria e eletricidade

No quadro da matéria desenhada pela teoria cinética, todos os elementos são formados de moléculas. Veja-se o caso mais simples do elemento mais leve, o do hidrogênio. Vimos como os movimentos brownianos levaram à determinação da massa de uma molécula de hidrogênio Seu valor é:

0,000.000.000.000.000.000.000.0033 gramas.

Isso significa que a massa é descontínua. A massa de uma porção de hidrogênio pode mudar apenas por um número inteiro de pequenos passos, cada um correspondente à massa de uma molécula de hidrogênio. Mas os processos químicos mostram que a molécula de hidrogênio pode ser dividida em duas partes, ou, em outras palavras, que a molécula de hidrogênio é composta de dois átomos. Nos processos químicos, são os átomos, e não as moléculas, que desempenham o papel de um *quantum* elementar. Dividindo o número acima por dois, encontramos a massa de um átomo de hidrogênio. Ela é de aproximadamente

0,000.000.000.000.000.000.000.0017 gramas.

A massa é uma quantidade descontínua. Mas, naturalmente, não necessitamos preocupar-nos com isso ao determinar o peso. Até mesmo as balanças mais sensíveis estão longe de atingir o grau de precisão com o qual poderia ser determinada a descontinuidade da variação da massa.

Voltemos a um fato bem conhecido. Um fio está ligado a uma fonte de corrente. A corrente está fluindo pelo fio do potencial mais elevado para o mais baixo. Estamos lembrados de que muitos fatos experimentais foram explicados pela simples teoria dos fluidos escoando por um fio. Também estamos lembrados de que a decisão sobre se os fluidos positivos escoam do potencial mais elevado para o mais baixo, ou se os fluidos negativos escoam do potencial mais baixo para o mais elevado, foi meramente uma questão de convenção. Por enquanto, ignoraremos todo o progresso ulterior resultante dos conceitos de campo. Até mesmo quando pensando em termos simples de fluidos elétricos, ainda restam algumas questões a serem solucionadas. Como sugere o nome "fluido", a eletricidade foi considerada, em tempos idos, uma quantidade contínua. A quantidade de carga podia ser modificada, de acordo com esses velhos conceitos, por passos arbitrariamente pequenos. Não havia necessidade alguma de se admitir os *quanta* elétricos elementares. As conquistas da teoria cinética da matéria nos prepararam para uma nova pergunta: existirão os *quanta* elementares de eletricidade? A outra questão a ser solucionada é: consistirá a corrente no escoamento dos fluidos positivo, negativo, ou, talvez, de ambos os fluidos?

A ideia de todas as experiências que respondem a essas perguntas é arrancar o fluido elétrico do fio, deixá-lo caminhar pelo espaço vazio, ou privá-lo de qualquer associação com a matéria e, então, investigar suas propriedades, as quais deverão aparecer mais claramente, sob essas condições. Muitas experiências do gênero foram feitas em fins do século XIX. Antes de explicar a ideia desses arranjos experimentais, pelo menos em um caso, citaremos os resultados. O fluido elétrico que flui pelo fio é negativo, deslocando-se, portanto, do potencial mais baixo para o mais elevado. Soubéssemos isso desde o início, quando a teoria dos fluidos elétricos foi criada, certamente teríamos trocado as palavras, chamando positiva a eletricidade do bastão de borracha e negativa a do bastão de vidro. Teria sido então mais conveniente considerar positivo o fluido que escoasse. Como a nossa primeira suposição foi errada, *temos* agora de nos acomodar à inconveniência. A questão importante seguinte é sobre se a estrutura desse fluido negativo é "granular", se é ou não composta de *quanta* elétricos. Novamente várias experiências independentes mostram não haver dúvida alguma quanto à existência de um *quantum* elementar dessa eletricidade negativa. O fluido elétrico negativo é construído de grãos da mesma forma como a praia é composta de grãos de areia, ou uma casa construída de tijolos. Esse resultado foi formulado com a máxima clareza por J.J. Thomson, há cerca de 40 anos. Os *quanta* elementares da eletricidade negativa são chamados *elétrons.* Assim, toda carga negativa é composta de uma multidão de cargas elementares representadas por elétrons. A carga negativa só pode, como a massa, variar descontinuamente. A carga elétrica elementar é, contudo, tão pequena que em muitas investigações é igualmente possível e por vezes até mais conveniente considerá-la uma quantidade contínua. Assim, as teorias atômica e eletrônica introduzem na ciência quantidades físicas descontínuas que só podem variar aos saltos.

Imaginem-se duas placas de metal paralelas em algum lugar do qual todo o ar foi extraído. Uma das placas tem uma carga positiva, a outra uma carga negativa. Uma carga de prova positiva colocada entre as duas placas será repelida pela placa positivamente carregada e atraída pela negativamente carregada. Assim, as linhas de força do campo elétrico serão dirigidas da placa positivamente carregada para a negativamente carregada. Uma força atuando sobre um corpo de prova negativamente carregado teria a direção oposta. Se as placas são suficientemente grandes, as linhas de força entre elas são igualmente densas em toda parte; não importa o ponto em que o corpo de prova seja colocado, porque a força e, portanto, a densidade das linhas de força serão as mesmas. Os elétrons colocados em qualquer lugar entre as placas se comportariam como gotas de chuva no campo gravitacional da Terra, movendo-se paralelamente umas às outras da placa negativamente carregada para a positivamente carregada. Há muitos arranjos experimentais conhecidos para se levar uma chuva de elétrons para dentro de um campo tal que os dirige todos da mesma maneira. Um dos mais simples é colocar um fio aquecido entre as placas carregadas. Tal fio aquecido emite elétrons que são a seguir dirigidos pelas linhas de força do campo externo. Por exemplo, as válvulas de rádio, conhecidas de todos, são baseadas nesse princípio.

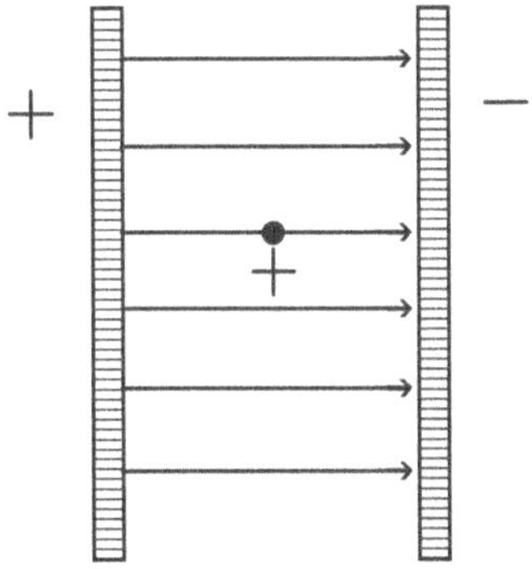

Figura 70

Muitas experiências engenhosas foram feitas com um feixe de elétrons. As alterações de sua trajetória em diferentes campos elétricos e magnéticos externos foram investigadas. Foi até possível isolar um só elétron e determinar sua carga elementar e sua massa, isto é, sua resistência inercial à ação de uma força externa. Citaremos aqui apenas o valor da massa de um elétron. Constatou-se que ela é *duas mil vezes menor* do que a massa de um átomo de hidrogênio. Assim, a massa de um átomo de hidrogênio, pequena como é, parece grande em comparação com a massa de um elétron. Do ponto de vista de uma teoria de campo consistente, toda a massa, isto é, toda a energia de um elétron é a energia de seu campo; a maior parte de sua força está dentro dos limites de uma esfera muito pequena, e distante do "centro" do elétron ela é pequena.

Dissemos antes que o átomo de qualquer elemento é o seu menor *quantum* elementar. Acreditou-se nisso por muito tempo. Agora, contudo, não mais se acredita! A ciência formou um novo ponto de vista mostrando as limitações do antigo. Dificilmente se encontrará qualquer outra declaração, em física, mais firmemente baseada nos fatos do que a declaração sobre a estrutura complexa do átomo. Primeiro, veio a percepção de que o elétron, o *quantum* elementar do fluido elétrico negativo, é também um dos componentes do átomo, um dos tijolos elementares de que é construída toda matéria. O exemplo anterior de um fio aquecido emitindo elétrons é apenas um dos muitos da extração dessas partículas da matéria. Esse resultado, ligando estreitamente o problema da estrutura da matéria com o da eletricidade, segue-se, fora de qualquer dúvida, de muitíssimos fatos experimentais independentes.

É relativamente fácil extrair de um átomo alguns dos elétrons dos quais é composto. Isso pode ser feito pelo calor, como em nosso exemplo de um fio aquecido, ou de um modo diferente, como o do bombardeio dos átomos com outros elétrons.

Suponha-se que um fio fino de metal, aquecido ao rubro, é introduzido em hidrogênio rarefeito. O fio emitirá elétrons em todas as direções. Graças à ação de um campo elétrico externo, lhes é imprimida uma determinada velocidade. Um elétron aumenta de velocidade à semelhança de uma pedra caindo no campo gravitacional. Por esse método podemos obter um feixe de elétrons deslocando-se com uma velocidade definida em uma direção também definida. Hoje, podemos produzir velocidades comparáveis à da luz submetendo elétrons à ação de campos muito fortes. Que acontece, então, quando um feixe de elétrons com uma velocidade definida incide sobre as moléculas de hidrogênio rarefeito? O impacto de um elétron suficientemente veloz não apenas despedaçará a molécula de hidrogênio, dividindo-a em seus dois átomos, como também extrairá um elétron de um dos átomos.

Aceitemos o fato de os elétrons serem constituintes da matéria. Então, um átomo do qual tenha sido arrancado um elétron não pode ser eletricamente neutro. Se fosse previamente neutro, não mais o poderia ser, porquanto é mais pobre em uma carga elementar. O que resta deve ter uma carga positiva. Mais ainda, como a massa de um elétron é tão menor do que a do átomo mais leve, podemos concluir, com segurança, que, folgadamente, a maior parte da massa do átomo não é representada por elétrons, mas pelas partículas elementares restantes, que são muito mais pesadas do que os elétrons. Chamamos a essa parte pesada do átomo seu *núcleo*.

A física experimental moderna desenvolveu métodos para romper o núcleo do átomo, para transformar os átomos de um elemento em átomos de outro, e para extrair do núcleo as partículas elementares pesadas de que é constituído. Esse capítulo da física, conhecido por "física nuclear", para o qual Rutherford tanto contribuiu, é, do ponto de vista experimental, o mais interessante. Mas ainda falta uma teoria simples em suas ideias fundamentais e ligando a rica variedade de fatos no domínio da física nuclear. Como estamos, nestas páginas, interessados somente nas ideias físicas gerais, omitiremos esse capítulo, a despeito de sua grande importância na física moderna.

3
Os "quanta" da luz

Consideremos uma muralha construída ao longo da orla marítima. As ondas do mar castigam continuamente a muralha, desgastam um pouco de sua superfície, recuam e deixam o caminho livre para as que vêm a seguir. A massa da muralha diminui e podemos perguntar quanto é carreado em, digamos, um ano. Mas imaginemos agora um processo diferente. Queremos diminuir a massa da muralha na mesma quantidade que antes, porém de modo diferente. Atiramos contra a muralha, rachando-a nos pontos em que as balas a atingem. A massa da muralha será diminuída e bem podemos imaginar que a mesma redução de massa seja conseguida nos dois casos. Mas poderíamos, pela aparência da muralha, determinar se esteve agindo a onda contínua do mar ou a chuva descontínua de balas. Será útil, à compreensão dos fenômenos que estamos prestes a descrever, termos em mente a diferença entre as ondas do mar e a chuva de balas.

Dissemos, antes, que um fio aquecido emite elétrons. Introduziremos, aqui, outro meio de extrair elétrons do metal. A luz homogênea, tal como a luz violeta, que é, como sabemos, uma luz de comprimento de onda definido, está colidindo com uma superfície de metal. A luz extrai elétrons do metal. Os elétrons são arrancados do metal e uma chuva deles se desloca com certa velocidade. Do ponto de vista do princípio da energia, podemos dizer: a energia da luz é parcialmente transformada na energia cinética dos elétrons expelidos. A técnica experimental moderna nos permite registrar esses elétrons-bala, determinando sua velocidade e, assim, sua energia. Essa extração de elétrons pela luz incidindo sobre o metal é chamada *efeito fotoelétrico*.

Nosso ponto de partida foi a ação de uma onda luminosa homogênea, com alguma densidade definida. Como em toda experiência, devemos agora alterar o nosso arranjo para ver se isso terá alguma influência sobre o efeito observado.

Comecemos por alterar a intensidade da homogênea luz violeta incidindo sobre a placa de metal e observemos até que ponto a energia do elétron emitido depende da intensidade da luz. Tentemos encontrar a resposta pelo raciocínio, e não pela experiência. Poderíamos argumentar: no efeito fotoelétrico, uma certa porção definida da energia de radiação é transformada na energia de movimento dos elétrons. Se iluminarmos novamente o metal com luz de igual comprimento de onda, mas de uma fonte mais poderosa, a energia dos elétrons emitidos deverá ser maior, porquanto a radiação é mais rica de energia. Deveríamos, portanto, esperar que a velocidade dos elétrons emitidos aumentasse se a intensidade da luz fosse aumentada. Mas a experiência contradiz novamente nossa predição. Vemos uma vez mais que as leis da natureza não são como gostaríamos que fossem. Esbarramos com uma das experiências que, contradizendo as nossas predições, derrubam a teoria na qual eram baseadas. O resultado experimental real é, do ponto de vista da teoria ondulatória, surpreendente. Os elétrons observados têm todos a mesma velocidade, a mesma energia, que não se altera quando a intensidade da luz é aumentada.

Esse resultado não poderia ser previsto pela teoria ondulatória. Aqui surge novamente uma teoria, a partir do conflito entre uma velha teoria e a experiência.

Sejamos deliberadamente injustos com a teoria ondulatória da luz, esquecendo suas grandes realizações, sua esplêndida explicação da curvatura da luz em torno de obstáculos muitos pequenos. Com a atenção focalizada no efeito fotoelétrico, exijamos da teoria uma explicação adequada desse efeito. Obviamente, não podemos deduzir da teoria ondulatória a independência da energia dos elétrons da intensidade da luz pela qual foram extraídos da placa de metal.

Devemos, portanto, tentar outra teoria. Estamos lembrados de que a teoria corpuscular de Newton, explicando muitos dos fenômenos luminosos observados, malogrou em levar em conta a curvatura da luz, que nós estamos agora deliberadamente ignorando. O conceito de energia não existia no tempo de Newton. Os corpúsculos de luz eram, de acordo com ele, destituídos de peso; cada cor preservava seu próprio caráter de substância. Mais tarde, quando o conceito de energia foi criado e reconheceu-se que a luz porta energia, ninguém se lembrou de aplicar esse conceito à teoria corpuscular da luz. A teoria de Newton estava morta e, até ao nosso próprio século, sua revivificação não foi levada a sério.

Para manter a ideia principal da teoria de Newton, devemos admitir que a luz homogênea seja composta de grãos de energia e substituir os velhos corpúsculos de luz por *quanta* de luz, a que chamaremos *fótons*, pequenas porções de energia caminhando pelo espaço vazio com a velocidade da luz. A revivificação da teoria de Newton sob esta nova forma leva à *teoria quântica da luz*. Não apenas a matéria e a carga elétrica, mas também a energia de radiação tem uma estrutura granular, isto é, é construída de *quanta* de luz. Além dos *quanta* de matéria e dos *quanta* de eletricidade, há também os *quanta* de energia.

A ideia de *quanta* de energia foi pela primeira vez apresentada por Planck no início deste século XX, com o propósito de explicar alguns efeitos muito mais complicados do que o efeito fotoelétrico. Mas o efeito fotoelétrico mostra mais clara e simplesmente a necessidade de alterarmos os nossos velhos conceitos.

É logo evidente que essa teoria quântica da luz explica o fenômeno fotoelétrico. Uma chuva de fótons está caindo sobre uma placa de metal. A ação entre radiação e matéria consiste, aqui, em muitíssimos processos unitários nos quais os fótons colidem com o átomo arrancando um elétron. Esses processos unitários são todos iguais, e o elétron extraído terá a mesma energia em todos os casos. Também fica entendido que aumentar a intensidade da luz significa, em nossa nova linguagem, aumentar o número de fótons incidentes. Neste caso, um número diferente de elétrons seria lançado para fora da placa de metal, mas a energia de qualquer um deles não se alteraria. Vemos, assim, que essa teoria está em perfeita concordância com a observação.

Que acontecerá se um feixe de luz homogênea de cor diferente, digamos, vermelha, em vez de violeta, cair sobre a superfície de metal? Deixemos que a experiência responda a essa pergunta. A energia dos elétrons extraídos deve ser medida e comparada com a energia dos elétrons extraídos pela luz violeta. A energia dos elétrons extraídos pela luz vermelha resulta ser menor do que a energia dos elétrons extraídos pela luz violeta. Isso significa que a energia dos *quanta* de luz é diferente para as diferentes cores. Os fótons pertencentes à cor vermelha têm a metade da energia dos pertencentes à cor violeta. Ou, mais rigorosamente: a energia de um *quantum* de luz pertencente a uma cor homogênea diminui proporcionalmente ao aumento do comprimento de onda. Há uma diferença essencial entre os *quanta* de energia e os *quanta* de eletricidade. Os *quanta* de luz diferem para todo comprimento de onda, enquanto os *quanta* de eletricidade são sempre os mesmos. Usando uma de nossas analogias anteriores, compararíamos os *quanta* de luz aos menores *quanta* monetários, diferindo em cada país.

Continuemos rejeitando a teoria ondulatória da luz e admitindo que a estrutura da luz seja granular e formada por *quanta* de luz, isto é, fótons que se deslocam no espaço com a velocidade da luz. Assim, a luz é, em nossa nova imagem, uma chuva de fótons, e o fóton é o *quantum* elementar de energia luminosa. Se, contudo, a teoria ondulatória é rejeitada, o conceito de comprimento de onda desaparece. Que novo conceito toma o seu lugar? A energia dos *quanta* de luz! As declarações expressadas na terminologia da teoria ondulatória podem ser traduzidas para declarações da teoria quântica da radiação. Por exemplo:

Terminologia da teoria ondulatória	Terminologia da teoria quântica
A luz homogênea tem um comprimento de onda definido. O comprimento de onda da extremidade vermelha do espectro é igual ao dobro do da extremidade violeta.	A luz homogênea contém fótons de energia definida. A energia do fóton para a extremidade vermelha do espectro é igual à metade da energia da extremidade violeta.

O estado de coisas pode ser resumido na seguinte sentença: há fenômenos que podem ser explicados pela teoria quântica, mas não pela teoria ondulatória. O efeito fotoelétrico fornece um exemplo, embora sejam conhecidos outros fenômenos desse gênero. Há fenômenos que podem ser explicados pela teoria ondulatória, mas não pela teoria quântica. A curvatura da luz em torno dos obstáculos é um exemplo típico. Finalmente, há fenômenos, tal como a propagação retilínea da luz, que podem ser igualmente bem explicados por essas duas teorias.

Mas que será, realmente, a luz? Será uma onda ou uma chuva de fótons? Nós já levantamos uma questão semelhante quando perguntamos: será a luz uma onda ou uma chuva de corpúsculos de luz? Havia, então, toda razão para se rejeitar a teoria corpuscular da luz e aceitar a teoria ondulatória, que abrangia todos os fenômenos. Agora, contudo, o problema é muito mais complicado. Não haver probabilidade alguma de se formar uma descrição consistente dos fenômenos da luz por uma escolha de qualquer uma das duas linguagens possíveis. Parece que devemos usar algumas vezes uma das teorias e outras vezes a outra, embora em certas ocasiões possamos usar qualquer das duas. Defrontamo-nos com um novo tipo de dificuldade. Temos dois quadros contraditórios da realidade; separadamente, nenhum dos dois explica os fenômenos da luz, mas, juntos, explicam!

Como é possível combinar esses dois quadros? Como podemos compreender esses dois aspectos frontalmente diferentes da luz? Não é fácil solucionar essa nova dificuldade. Estamos novamente diante de um problema fundamental.

Aceitemos, por enquanto, a teoria dos fótons para a luz e tentemos, com a sua ajuda, compreender os fatos até então explicados pela teoria ondulatória. Acentuaremos dessa maneira as dificuldades que fazem as duas teorias parecer, à primeira vista, irreconciliáveis.

Estamos lembrados: um feixe de luz homogênea atravessando um orifício feito com alfinete produz anéis claros e escuros. Como é possível compreender esses fenômenos com a ajuda da teoria quântica da luz, desprezando a teoria ondulatória? Um fóton passa através do orifício. Poderíamos esperar que a tela se mostrasse clara se o fóton passasse, e escura, em caso contrário. Em vez disso, vemos anéis claros e escuros. Poderíamos justificar assim o fato: talvez haja alguma interação entre a borda do orifício e o fóton, responsável pelo aparecimento dos anéis de difração. Naturalmente, essa sentença dificilmente poderá ser considerada uma explicação. Na melhor das hipóteses, esboça um programa para uma explicação que oferece pelo menos alguma esperança de uma compreensão futura da difração pela interação entre matéria e fótons.

Mas até essa frágil esperança é riscada por nossa explicação de outra disposição experimental. Consideremos dois orifícios de alfinete. A luz homogênea, passando pelos dois orifícios, produz faixas claras e escuras na tela. Como será esse efeito compreendido do ponto de vista da teoria quântica da luz? Poderíamos argumentar: um fóton passa através de qualquer um dos dois orifícios. Se um fóton de luz homogênea representa uma partícula elementar de luz, dificilmente podemos imaginar sua divisão e sua passagem através dos dois orifícios. Mas o efeito seria, então, exatamente como no primeiro caso, anéis claros e escuros e não faixas claras e escuras. Como é, então, possível que a presença de outro orifício altere completamente o efeito? Aparentemente, o orifício através do qual o fóton não passa, mesmo que esteja a uma distância razoável, transforma os anéis em faixas! Se o fóton se comporta como um corpúsculo em física clássica, deverá passar através de um dos dois orifícios. Mas, neste caso, os fenômenos da difração parece serem assaz incompreensíveis.

A ciência nos força a criar novas ideias, novas teorias. O propósito destas é romper a muralha das contradições que frequentemente bloqueia o progresso científico. Todas as ideias essenciais da ciência nasceram em um dramático conflito entre a realidade e as nossas tentativas de compreender. Aqui, novamente, temos um problema para cuja solução são necessários novos princípios. Antes de considerarmos as tentativas da física moderna de explicar a contradição entre os aspectos quântico e ondulatório da luz, mostraremos que exatamente a mesma dificuldade aparece ao se tratar dos *quanta* de matéria, em vez de *quanta* de luz.

4

Espectro luminoso

Já sabemos que toda matéria é formada de uns poucos tipos de partículas. Os elétrons foram as primeiras partículas elementares de matéria descobertas. Mas os elétrons são também os *quanta* elementares da eletricidade negativa. Aprendemos, mais ainda, que alguns fenômenos nos forçam a admitir que a luz seja composta de *quanta* elementares de luz, diferentes para comprimentos de onda diferentes. Antes de prosseguir, devemos discutir alguns fenômenos físicos nos quais tanto a matéria como a radiação desempenham papel essencial.

O Sol emite uma radiação que pode ser dividida em seus componentes por um prisma. Pode-se, assim, obter o espectro contínuo do Sol. Nele está representado todo comprimento de onda entre as duas extremidades do espectro visível. Vejamos outro exemplo. Já mencionamos que o sódio, quando incandescente, emite luz homogênea, luz de uma cor para um comprimento de onda. Se o sódio incandescente é colocado diante de um prisma, vemos apenas uma linha amarela. Em geral, se um corpo radiante é colocado diante do prisma, a luz que ele emite é dividida em seus componentes, revelando o espectro característico do corpo emissor.

A descarga de eletricidade em uma válvula contendo gás produz uma fonte de luz como a que é vista nas lâmpadas de néon usadas nos anúncios luminosos. Suponha-se que tal válvula é colocada diante de um espectroscópio. O espectroscópia é um instrumento que age como um prisma, porém com muito maior precisão e sensibilidade; divide a luz em seus componentes, isto é, ele a analisa. A luz do Sol, vista através de um espectroscópio, dá um espectro contínuo; todos os comprimentos de onda são nele representados. Se, contudo, a fonte de luz é um gás através do qual passa uma corrente elétrica, o espectro é de caráter diferente. Em vez do aspecto contínuo e multicor do espectro solar, aparecem faixas claras, separadas, sobre um fundo escuro contínuo. Cada faixa, se é muito estreita, corresponde a uma cor definida, ou, na linguagem da teoria ondulatória, a um comprimento de onda definido. Por exemplo, se 20 linhas são vistas no espectro, cada uma delas será designada por um dos 20 números que expressam os comprimentos de onda correspondentes. Os vapores dos vários elementos possuem diferentes sistemas de linhas, e, assim, diferentes combinações de números designando os comprimentos de onda que compõem o espectro da luz omitida. Não há dois elementos com sistemas idênticos de faixas em seus espectros característicos, da mesma forma como não há duas pessoas com as mesmas impressões digitais. Como os físicos elaboraram um catálogo dessas linhas, a existência de leis tornou-se gradativamente evidente, e foi possível substituir algumas das linhas de números aparentemente desconexos, expressando os comprimentos de várias ondas, por uma simples fórmula matemática.

Tudo o que acaba de ser dito pode ser agora traduzido para a linguagem dos fótons. As faixas correspondem a certos comprimento de onda definidos, ou, em outras palavras, a fótons com uma energia definida. Os gases luminosos não emitem, portanto, fótons com todas as energias possíveis, mas apenas aqueles característicos da substância. A realidade limita novamente a riqueza de possibilidades.

Os átomos de um determinado elemento, digamos, do hidrogênio, só podem emitir fótons com energias definidas. Só é permissível a emissão de *quanta* de energia definidos, sendo todos os outros proibidos. Imagine-se, a bem da simplicidade, que algum elemento emite apenas uma linha, isto é, fótons com uma energia assaz definida. O átomo é mais rico em energia antes da emissão e mais pobre depois dela. Deve seguir-se, do princípio da energia, que o *nível de energia* de um átomo é mais elevado antes da emissão e mais baixo depois, e que a diferença entre os dois níveis deve ser igual à energia do fóton emitido. Assim, o fato de um átomo de um certo elemento emitir radiação somente de um comprimento de onda, isto é, fótons de somente uma energia definida, pode ser expressado de modo diferente: somente dois níveis de energia são permissíveis em um átomo desse elemento, e a emissão de um fóton corresponde à transição do átomo de um nível elevado para um nível baixo de energia.

Mas, em geral, aparece mais de uma linha no espectro dos elementos. Os fótons emitidos correspondem a muitas energias, e não a apenas uma. Ou, em outras palavras, devemos admitir que são permitidos muitos níveis de energia em um átomo e que a emissão de um fóton corresponde à transição do átomo de um nível mais elevado para um nível mais baixo. Mas é essencial que nem todo nível de energia seja permitido, porquanto nem todos os comprimentos de onda, nem todas as energias de fóton, aparecem no espectro de um elemento. Em vez de dizer que algumas linhas definidas, alguns comprimentos de onda, pertencem ao espectro de todo átomo, podemos dizer que todo átomo tem alguns níveis definidos de energia e que a emissão de *quanta* de luz está ligada à transição de um átomo de um nível de energia para outro. Os níveis de energia não são, em geral, contínuos, mas descontínuos. Vemos novamente que as possibilidades são restringidas pela realidade.

Foi Bohr quem mostrou pela primeira vez por que apenas essas, e não outras linhas, aparecem no espectro. Sua teoria, formulada há 20 anos, traça uma imagem do átomo da qual, sem dúvida em casos simples, o espectro dos elementos pode ser calculado, e os números aparentemente inexpressivos e desconexos são repentinamente tornados coerentes à luz da teoria.

A teoria de Bohr forma um passo intermediário em direção de uma teoria mais profunda e geral, chamada mecânica ondulatória ou quântica. É nosso objetivo, nestas últimas páginas, caracterizar as ideias principais dessa teoria. Antes de fazê-lo, mencionaremos mais um resultado teórico e experimental de caráter mais especial.

O nosso espectro visível começa com um certo comprimento de onda para a cor violeta e termina com um certo comprimento de onda para a cor vermelha. Ou, em outras palavras, as energias dos fótons no espectro visível estão sempre contidas dentro dos limites formados pelas energias de fóton das luzes violeta e vermelha. Essa limitação é, naturalmente, apenas uma propriedade do olho humano. Se a diferença em energia de alguns dos níveis de energia for suficientemente grande, então será enviado um fóton *ultravioleta*, dando uma linha além do espectro visível. Sua presença não pode ser detectada a olho nu; deve ser usada uma chapa fotográfica.

Os raios X também são compostos de fótons de energia muito maior do que os da luz visível, ou, em outras palavras, seus comprimentos de onda são muito menores, na verdade, milhares de vezes menores do que os da luz visível.

Mas será possível determinar experimentalmente tão pequenos comprimentos de onda? Já foi suficientemente difícil fazê-lo no caso da luz comum. Tivemos de contar com pequenos obstáculos ou aberturas pequenas. Dois orifícios de alfinete muito próximos um do outro, mostrando a difração da luz comum, teriam de ser muitos milhares de vezes menores e de estar muitos milhares de vezes mais próximos entre si para mostrar a difração dos raios X.

Como podemos, então, medir os comprimentos de onda desses raios? A própria natureza acorre em nossa ajuda.

Um cristal é um aglomerado de átomos dispostos a distâncias muito curtas uns dos outros em um plano perfeitamente regular. O nosso desenho mostra um modelo simples da estrutura de um cristal. Em vez de aberturas diminutas, há obstáculos extremamente pequenos formados pelos átomos do elemento, arranjados muito próximos uns dos outros em ordem absolutamente regular. As distâncias entre os átomos, conforme determinadas pela teoria da *estrutura* do cristal, são tão pequenas que se pode esperar que *mostrem* o efeito da difração dos raios X. A experiência provou ser de fato possível produzir a difração da onda dos raios X por meio desses obstáculos estreitamente empilhados, dispostos na regular posição tridimensional que ocorre em um cristal.

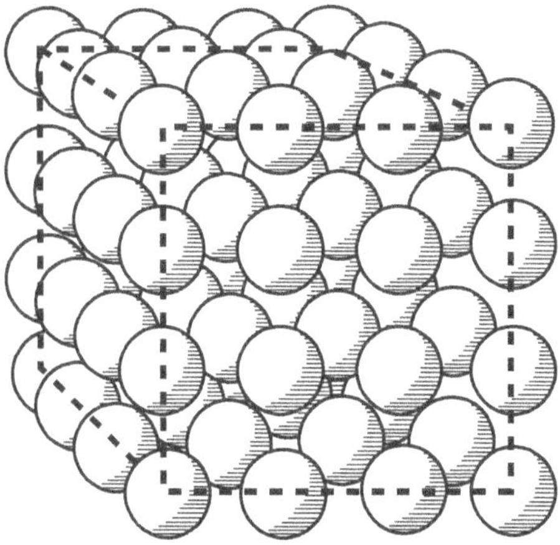

Figura 71

Suponha-se que um feixe de raios X cai sobre um cristal e, após atravessá-lo, é registrado em uma chapa fotográfica. A chapa mostra, então, o molde da difração. Vários métodos foram usados no estudo do espectro dos raios X, para deduzir do molde da difração os dados relativos ao comprimento de onda. O que foi aqui dito em umas poucas palavras encheria volumes se fossem apresentados todos os detalhes teóricos e experimentais. Na Figura 72, apresentamos apenas um dos moldes de difração obtido por um dos vários métodos. Vemos novamente os anéis claros e escuros tão característicos da teoria ondulatória. No centro, é visto o raio não difratado. Se o cristal não tivesse sido colocado entre os raios X e a chapa fotográfica, somente seria vista a mancha clara do centro. De fotografias desse tipo, os comprimentos de onda dos raios X podem ser calculados e, por outro lado, se o comprimento de onda é conhecido, podem ser tiradas conclusões sobre a estrutura do cristal.

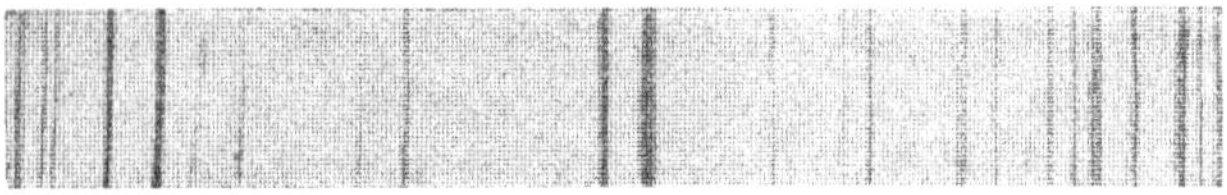

Linhas espectrais

Figura 72

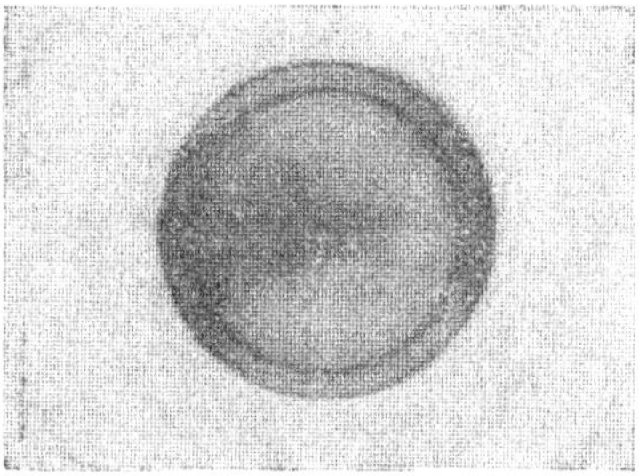

Difração de raios X

Figura 73

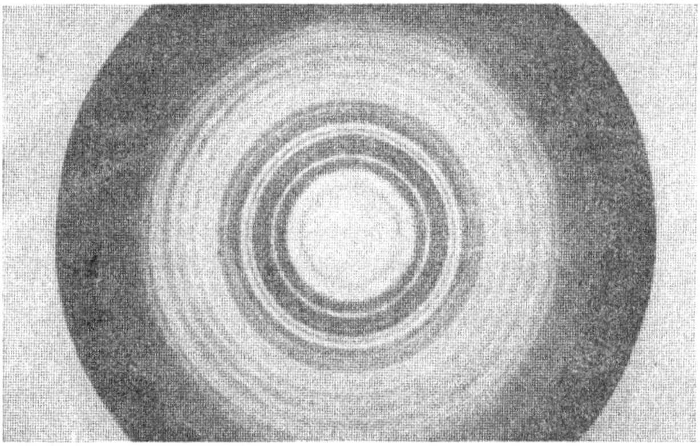

Difração de ondas eletrônicas

Figura 74

5
As ondas da matéria

Como poderemos compreender o fato de apenas certos comprimentos de onda aparecerem no espectro dos elementos?

Frequentemente em física ocorre um avanço pela analogia consistente entre fenômenos aparentemente não relacionados entre si. Vimos com frequência, nestas páginas, como ideias criadas e desenvolvidas em um ramo da ciência foram depois empregadas com êxito em outro. O desenvolvimento dos conceitos mecânico e de campo fornece muitos exemplos desse tipo. A associação de problemas resolvidos com outros não resolvidos pode lançar novas luzes sobre nossas dificuldades ao sugerir novas ideias. É fácil encontrar-se uma analogia superficial que realmente nada expressa. Mas descobrir algumas características comuns essenciais, escondidas por baixo da superfície de diferenças externas, formar, nessa base, uma nova teoria vitoriosa, constitui importante trabalho criador. O desenvolvimento da chamada mecânica ondulatória, iniciado por Broglie e Schrödinger há menos de 15 anos, é exemplo típico da conquista de uma teoria vitoriosa por meio de uma profunda e feliz analogia.

O nosso ponto de vista é um exemplo clássico que nada tem a ver com a física moderna. Seguramos, por uma das extremidades, um tubo de borracha flexível muito longo, ou uma mola muito comprida, tentando fazer com que se mova ritmadamente para cima e para baixo, de modo que a extremidade oscile. Então, como vimos em muitos outros exemplos, é criada pela oscilação uma onda que se propaga ao longo do tubo com certa velocidade. Se imaginamos um tubo infinitamente longo, então, as porções de onda, uma vez iniciadas, seguem sua jornada sem fim sem interferência.

Figura 75

Agora outro caso. As duas extremidades do mesmo tubo estão presas. Caso se prefira, poderá ser usada uma corda de violino.

Que acontece agora se é criada uma onda em uma das extremidades do tubo de borracha ou da corda? A onda inicia sua jornada como no exemplo precedente, mas é cedo refletida pela outra extremidade do tubo. Temos agora duas ondas, uma criada pela oscilação e a outra por reflexão: caminham em direções opostas e interferem uma na outra. Não seria difícil traçar a interferência das duas ondas e descobrir a onda resultante de sua superposição; ela é chamada *onda estacionária*. As duas palavras "estacionária" e "onda" parece se contradizerem; sua combinação é, contudo, justificada pelo resultado da superposição das duas ondas.

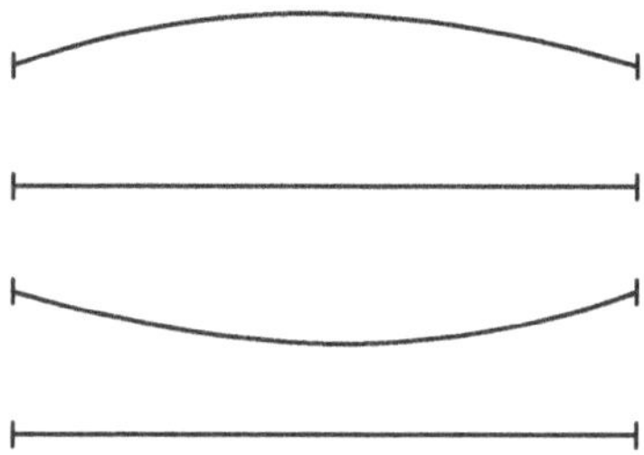

Figura 76

O exemplo mais simples de uma onda estacionária é o movimento de uma corda com as duas extremidades fixas, um movimento para cima e para baixo, como é mostrado na Figura 74. Esse movimento é o resultado de uma onda assentar sobre a outra quando as duas estão caminhando em direções opostas. A particularidade característica desse movimento é: somente as duas extremidades estão em repouso. Essas extremidades são chamadas *nodos*. A onda se situa, por assim dizer, entre os dois nodos, atingindo todos os pontos da corda simultaneamente os máximos e mínimos de seu desvio.

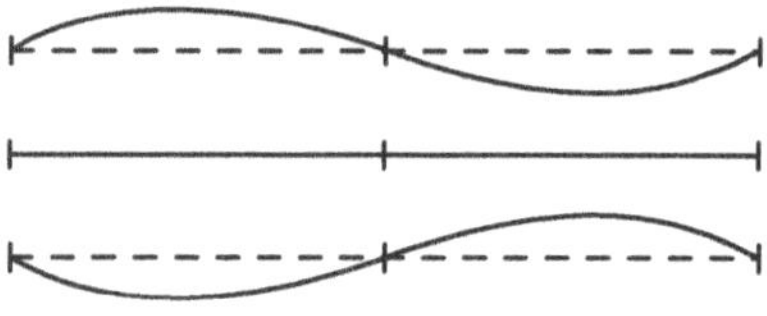

Figura 77

Mas esse é apenas o tipo mais simples de onda estacionária. Há outros. Por exemplo, uma onda estacionária pode ter três nodos, um em cada extremidade e um no centro. Neste caso, três pontos estão sempre em repouso. Uma olhadela na Figura 75 deixa ver que, neste caso, o comprimento de onda é igual à metade do comprimento no caso de dois nodos. Similarmente, as ondas estacionárias podem ter quatro, cinco e mais nodos. O comprimento de onda dependerá, em cada caso, do número de nodos. Esse número só pode ser um inteiro e só pode mudar aos saltos. A sentença "o número de nodos em uma onda estacionária é 3,576" é pura insensatez. Assim, o comprimento de onda só pode mudar descontinuamente. Aqui, neste problema o mais clássico, reconhecemos as particularidades características da teoria quântica. A onda estacionária produzida por um violinista é, na verdade, ainda mais complicada, sendo uma mistura de muitíssimas ondas com dois, três, quatro, cinco e mais nodos, e, portanto, uma mistura de vários comprimentos de onda. A física pode decompor tal mistura nas ondas estacionárias simples de que é composta. Ou, usando nossa terminologia anterior, poderíamos dizer que a corda oscilante tem o seu espectro, do mesmo modo que um elemento emitindo radiação. E, da mesma maneira que para o espectro de um elemento, são permitidos apenas certos comprimentos de onda, sendo todos os demais proibidos.

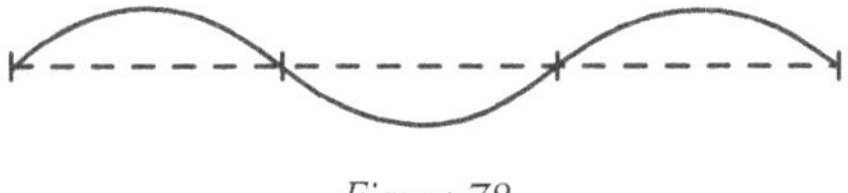

Figura 78

Descobrimos, assim, alguma semelhança entre a corda oscilante e o átomo emitindo radiação. Por mais estranha que essa analogia possa parecer, tiremos dela outras conclusões e tentemos prosseguir com a comparação, uma vez escolhida. Os átomos de todo elemento são compostos de partículas elementares, as mais pesadas constituindo o núcleo e as mais leves os elétrons. Tal sistema de partículas se comporta como um pequeno instrumento acústico no qual são produzidas ondas estacionárias.

Mas a onda estacionária é o resultado da interferência entre duas ou, geralmente, até mais ondas em movimento. Se há alguma verdade em nossa analogia, um arranjo ainda mais simples do que o do átomo deve corresponder a uma onda se propagando. Qual é esse arranjo mais simples? Em nosso mundo material, nada pode ser mais simples do que um elétron, uma partícula elementar, sobre o qual nenhuma força esteja atuando, isto é, um elétron em repouso ou em movimento uniforme. Poderíamos adivinhar mais um elo na cadeia de nossa analogia: elétron movendo-se uniformemente → ondas de um comprimento definido. Essa foi a nova e corajosa ideia de Broglie.

Já foi mostrado que há fenômenos nos quais a luz revela o seu caráter ondulatório e outros nos quais revela seu caráter corpuscular. Após nos acostumarmos com a ideia de a luz ser uma onda, constatamos, para surpresa nossa, que, em alguns casos, por exemplo, no efeito fotoelétrico, ela se comporta como uma chuva de fótons. Agora, temos precisamente o estado de coisas oposto para os elétrons. Acostumamo-nos com a ideia de os elétrons serem partículas, *quanta* elementares de eletricidade e matéria. Se há alguma verdade na ideia de Broglie, então deve haver alguns fenômenos nos quais a matéria revela o seu caráter ondulatório. A princípio, essa conclusão, a que se chegou seguindo-se a analogia acústica, parece estranha e incompreensível. Como pode um corpúsculo em movimento ter algo a ver com uma onda? Mas esta não é a primeira vez em que nos defrontamos com uma dificuldade desse tipo em física. Encontramos o mesmo problema no domínio dos fenômenos luminosos.

As ideias fundamentais desempenham papel essencial na formação de uma teoria física. Os livros sobre física estão cheios de complicadas fórmulas matemáticas. Mas o pensamento e as ideias, e não as fórmulas, são o princípio de toda teoria física. As ideias devem assumir posteriormente a forma matemática de uma teoria quantitativa, para possibilitar uma comparação com a experiência. Isso pode ser explicado pelo exemplo do problema com que estamos agora lidando. A suposição principal é a de que o elétron movendo-se uniformemente se comportará, em alguns fenômenos, como uma onda. Admita-se que um elétron ou uma chuva de elétrons (desde que estes tenham a mesma velocidade) se esteja movendo uniformemente. A massa, a carga e a velocidade de cada elétron individualmente são conhecidas. Se quisermos relacionar de algum modo um conceito de onda com um elétron ou elétrons movendo-se uniformemente, nossa pergunta será: qual é o comprimento de onda? Trata-se de pergunta quantitativa e uma teoria mais ou menos quantitativa deve ser construída para respondê-la. Isso é, na verdade, coisa simples. A simplicidade matemática do trabalho de Broglie, oferecendo uma resposta a essa pergunta, é surpreendente. Ao tempo em que o seu trabalho foi realizado, a técnica matemática de outras teorias físicas era muito sutil e complicada, relativamente falando. A matemática que trata do problema das ondas da matéria é extremamente simples e elementar, mas as ideias fundamentais são profundas e de grande alcance.

Foi mostrado, no caso das ondas de luz e fótons, que toda declaração formulada na linguagem ondulatória pode ser traduzida para a linguagem dos fótons ou corpúsculos de luz. O mesmo se verifica no tocante às ondas eletrônicas. Já é conhecida a linguagem corpuscular para os elétrons movendo-se uniformemente. Mas toda declaração formulada na linguagem corpuscular pode ser traduzida para a linguagem ondulatória, precisamente como no caso dos fótons. Duas pistas estabelecem a regra para a tradução. A analogia entre ondas luminosas e ondas eletrônicas ou fótons e elétrons é uma pista. Tentemos usar o mesmo método de tradução para a matéria e para a luz. A teoria da relatividade restrita forneceu a outra pista. As leis da natureza devem ser invariáveis com respeito à transformação de Lorentz, e não à transformação clássica. Essas duas pistas determinam, juntas, o comprimento de onda correspondente a um elétron em movimento. Segue-se da teoria que um elétron movendo-se com a velocidade de, digamos, 10.000 milhas por segundo, tem um comprimento de onda que pode ser facilmente calculado e que se descobre situar-se na mesma região dos comprimentos de onda dos raios X. Assim, concluímos ainda que, se o caráter ondulatório da matéria puder ser determinado, isso deverá ser feito experimentalmente de modo análogo ao dos raios X.

Imagine-se um feixe de elétrons movendo-se uniformemente com uma determinada velocidade, ou, usando a terminologia ondulatória, uma onda eletrônica homogênea, e também que o feixe cai sobre um cristal muito delgado, desempenhando o papel de um gradil de difração. As distâncias entre os obstáculos difrativos são tão pequenas que pode ser produzida a difração dos raios X. Poder-se-á esperar um efeito semelhante para as ondas eletrônicas com a mesma ordem de comprimento de onda. Uma chapa fotográfica registraria essa difração de ondas eletrônicas passando através da delgada camada de cristal. Na verdade, a experiência produz o que é, indubitavelmente, uma das grandes conquistas da teoria: o fenômeno da difração para as ondas eletrônicas. A semelhança entre a difração de uma onda eletrônica e a de um raio X é particularmente marcante quando vista em uma comparação das fotografias da Figura 72. Sabemos que tais fotografias nos permitem determinar os comprimentos de onda dos raios X. O mesmo se aplica no caso das ondas eletrônicas. O modelo da difração dá o comprimento de uma onda de matéria e a perfeita concordância quantitativa entre a teoria e a experiência confirma esplendidamente a cadeia de nosso argumento.

As nossas dificuldades anteriores são ampliadas e aprofundadas por esse resultado. Isso pode ser esclarecido por um exemplo similar ao que foi dado para uma onda de luz. Um elétron disparado contra um pequeno orifício se curvará como uma onda de luz. Aparecem anéis claros e escuros na chapa fotográfica. Pode haver alguma esperança de se explicar esse fenômeno pela interação entre o elétron e a borda do orifício, conquanto essa explicação não pareça muito promissora. Mas que dizer dos dois orifícios? Aparecem faixas em vez de anéis. Como é possível que a presença do outro orifício altere completamente o efeito? O elétron é indivisível e pode, ao que parece, passar apenas através de um dos orifícios. Como poderia um elétron passando por um orifício saber, possivelmente, que outro furo foi feito a alguma distância?

Perguntamos antes: que é luz? É uma chuva de corpúsculos ou uma onda? Perguntamos agora: que é matéria, que é um elétron? Uma partícula ou uma onda? O elétron se comporta como uma partícula quando se move em um campo elétrico ou magnético externo. Comporta-se como uma onda quando difratado por um cristal. Com os *quanta* elementares de matéria esbarramos na mesma dificuldade que encontramos nos *quanta* de luz. Uma das mais importantes questões fundamentais levantadas pelo recente progresso da ciência é sobre como reconciliar os dois pontos de vistas contraditórios sobre matéria e onda. É uma daquelas dificuldades fundamentais que, uma vez formuladas, devem conduzir, a longo prazo, ao progresso científico. A física tentou resolver esse problema. O futuro decidirá se a solução sugerida pela física moderna é duradoura ou temporária.

6
Ondas de probabilidade

Se, de acordo com a mecânica clássica, conhecemos a posição e a velocidade de um determinado ponto material, podemos predizer, pelas leis mecânicas, toda a sua trajetória futura. A sentença: "O ponto material tem tais posição e velocidade em tal instante" tem um significado definido em mecânica clássica. Se essa declaração perdesse o seu sentido, o nosso argumento sobre a previsão da trajetória futura falharia.

Nos primórdios do século XIX, os cientistas quiseram reduzir toda a física a forças simples agindo sobre partículas materiais que têm posições e velocidades definidas em qualquer instante. Lembremos como descrevemos o movimento ao discutir sobre mecânica no início de nossa jornada pelo reino dos problemas físicos. Desenhamos pontos ao longo de uma trajetória definida mostrando as posições exatas do corpo em certos instantes e depois vetores tangentes mostrando a direção e a grandeza das velocidades. Isso foi ao mesmo tempo simples e convincente. Mas não pode ser repetido para os nossos *quanta* elementares de matéria, isto é, elétrons, ou para os *quanta* de energia, isto é, fótons. Não podemos desenhar a jornada de um fóton ou de um elétron da mesma forma como imaginamos o movimento em mecânica clássica. O exemplo dos dois orifícios mostra isso claramente. O elétron e o fóton parecem atravessar os dois orifícios. É, assim, impossível explicar o efeito imaginando-se a trajetória de um elétron ou um fóton no velho estilo clássico.

Devemos, naturalmente, admitir a presença de ações elementares, tais como a passagem de elétrons ou de fótons através de orifícios. A existência dos *quanta* elementares de matéria e energia não pode ser posta em dúvida. Mas as leis elementares certamente não podem ser formuladas pela especificação das posições e velocidades em qualquer instante da maneira simples da mecânica clássica.

Tentemos, portanto, algo diferente. Repitamos continuadamente os mesmos processos elementares. Um após outro, os elétrons são enviados na direção dos orifícios. A palavra "elétrons" é usada aqui a bem da inteireza; o nosso argumento também é válido para os fótons.

A mesma experiência é repetida vez após outra exatamente do mesmo modo; os elétrons têm todos a mesma velocidade e se movem na direção dos orifícios. Desnecessário dizer que se trata de uma experiência idealizada que não pode ser feita em realidade mas bem pode ser imaginada. Não podemos disparar fótons ou elétrons isolados em dados instantes, como as balas de um canhão.

O resultado das experiências repetidas deverá ser novamente representado por anéis claros e escuros para um orifício e faixas claras e escuras para dois. Mas há uma diferença essencial. No caso de um elétron individualmente, o resultado experimental é repetido muitas vezes. Podemos agora dizer: aparecem faixas claras onde caem muitos elétrons. As faixas se tornam mais escuras onde caem menos elétrons. Um ponto completamente escuro significa que lá não há elétron algum. Não nos é, naturalmente, permitido admitir que todos os elétrons passem através de um dos orifícios. Se assim fosse, não faria a mínima diferença se o outro orifício estivesse ou não coberto. Mas já sabemos que cobrir o segundo orifício faz de fato diferença. Como uma partícula é indivisível, não podemos imaginar que passe através dos dois orifícios. O fato de a experiência ter sido repetida muitas vezes indica outra saída. Alguns elétrons poderão passar por um dos orifícios e outros através do outro. Não sabemos por que os elétrons individuais escolhem determinados orifícios, mas o resultado líquido das experiências repetidas deve ser: ambos os orifícios participam da transmissão dos elétrons da fonte à tela. Se declaramos apenas o que acontece ao aglomerado de elétrons quando a experiência é repetida, não nos preocupando com o comportamento das partículas individuais, a diferença entre a imagem de anéis e a imagem de faixas se torna compreensível. Da discussão de uma sequência de experiências nasceu uma nova ideia, a de um aglomerado com os indivíduos comportando-se de maneira imprevisível. Não podemos predizer o curso de um elétron individual, mas podemos predizer que, no resultado líquido, as faixas claras e escuras aparecerão sobre a tela.

Deixemos a física quântica de lado por momentos.

Vimos, em física clássica, que se conhecemos a posição e a velocidade de um ponto material em um certo instante e as forças que atuam sobre ele, podemos predizer sua trajetória futura. Também vimos como o ponto de vista mecânico foi aplicado à teoria cinética da matéria. Mas nessa teoria uma nova ideia surgiu de nossas reflexões. Será útil à compreensão dos argumentos posteriores dominarmos completamente essa ideia.

Considere-se um vaso contendo gás. Ao tentar traçar o movimento de toda partícula, seria preciso começar por encontrar os estados iniciais, isto é, as posições e velocidades iniciais de todas as partículas. Ainda que isso fosse possível, levaria mais do que o tempo de duração da vida humana para se passar os resultados para o papel, em razão do enorme número de partículas que teriam de ser consideradas. Caso se tentasse, então, aplicar os métodos conhecidos da mecânica clássica para calcular as posições finais das partículas, as dificuldades seriam insuperáveis. Em princípio, é possível usar o método empregado para o movimento dos planetas, mas, na prática, ele é inútil, devendo ceder lugar ao *método estatístico.* Esse método dispensa qualquer conhecimento exato dos estados iniciais. Sabemos menos a respeito do sistema em qualquer momento dado e estamos, portanto, menos capacitados para dizer qualquer coisa sobre seu passado ou seu futuro. Tornamo-nos indiferentes ao destino das partículas individuais do gás. O nosso problema é de natureza diferente. Por exemplo, não perguntamos: "Qual é a velocidade de toda partícula neste momento?" Mas podemos perguntar: "Quantas partículas têm uma velocidade entre 1.000 e 1.100 pés por segundo?" Não nos preocupamos com indivíduos. O que buscamos determinar são os valores médios representativos do agregado inteiro. Está claro que só poderá haver algum propósito em um método de raciocínio estatístico quando o sistema consiste de grande número de indivíduos.

Aplicando o método estatístico, não podemos predizer o comportamento de um indivíduo em uma multidão, podemos apenas predizer a possibilidade, a *probabilidade*, de que ele se comporte de algum modo particular. Se as nossas leis estatísticas nos dizem que uma terça parte das partículas têm uma velocidade entre 1.000 e 1.100 pés por segundo, isso significa que, repetindo as nossas observações para muitas partículas, obteremos realmente essa média, ou, em outras palavras, que a probabilidade de encontrar uma partícula dentro desses limites é igual a um terço.

Similarmente, conhecer o índice de nascimentos de uma grande comunidade não significa saber se uma determinada família é agraciada com uma criancinha. Significa um conhecimento de resultados estatísticos nos quais as personalidades contribuintes não desempenham papel algum.

Observando as licenças de um número muito grande de automóveis, podemos cedo descobrir que um terço de seus números são divisíveis por três. Mas não podemos predizer que o automóvel que passará no próximo momento terá essa propriedade. As leis estatísticas podem ser aplicadas somente a grandes aglomerados, mas não aos seus membros individualmente.

Podemos agora voltar ao nosso problema quântico.

As leis da física quântica são de caráter estatístico. Isso significa: não dizem respeito a um sistema isolado, mas a um agregado de sistemas idênticos; não podem ser verificadas pela medição de um indivíduo, mas somente por uma série de medições repetidas.

A desintegração radioativa é um dos muitos acontecimentos para os quais a física quântica tenta formular leis governando a transmutação espontânea de um elemento para outro. Sabemos, por exemplo, que, em 1.600 anos, a metade de um grama de rádio se desintegrará e metade restará. Podemos predizer aproximadamente quantos átomos se desintegrarão durante a próxima meia hora, mas não podemos dizer, nem mesmo em nossa descrição teórica, por que justamente esses átomos particulares são condenados. De acordo com os nossos conhecimentos atuais, não temos poderes para designar os átomos individuais condenados à desintegração. O destino de um átomo não depende de sua idade. Não há o mínimo indício de uma lei governando seu comportamento individual. Somente leis estatísticas podem ser formuladas, leis governando grandes agregados de átomos.

Vejamos outro exemplo. O gás luminoso de algum elemento, colocado diante de um espectroscópio, mostra linhas de comprimentos de onda definidos. O aparecimento de um conjunto descontinuo de comprimentos de onda definidos é característico do fenômeno atômico, no qual a existência de *quanta* elementares é revelada. Mas há ainda outro aspecto desse problema. Algumas das linhas espectrais são muito distintas, outras desmaiadas. Uma linha distinta significa que um número relativamente grande de fótons pertencentes a esse particular comprimento de onda são emitidos. A teoria nos dá novamente declarações de natureza apenas estatística. Toda linha corresponde a uma transição de um nível mais elevado para outro mais baixo de energia. A teoria nos fala apenas da probabilidade de cada uma dessas transições possíveis, mas nada nos diz sobre a transição em si de um átomo individual. A teoria funciona esplendidamente porque todos esses fenômenos envolvem grandes agregados e não indivíduos isolados.

Parece que a nova física quântica se assemelha algo com a teoria cinética da matéria, porquanto ambas são de natureza estatística e ambas se referem a grandes aglomerados. Mas assim não é! Nesta analogia, a compreensão não apenas das semelhanças, mas também das diferenças, é importantíssima. A semelhança entre a teoria cinética da matéria e a física quântica repousa principalmente em seu caráter estatístico. Mas quais são as diferenças?

Se queremos saber quantos homens e mulheres de mais de 20 anos vivem em uma cidade, temos de fazer com que todos os cidadãos preencham um formulário sob os títulos: "sexo" e "idade". Desde que todas as respostas sejam, corretas, podemos obter, por sua contagem e segregação, um resultado de natureza estatística. Os nomes e endereços individuais não são levados em conta. A nossa visão estatística é conseguida pelo conhecimento de casos individuais. Similarmente, na teoria cinética da matéria, temos leis estatísticas governando a agregação, obtidas com base em leis individuais.

Mas na física quântica, o estado de coisas é completamente diferente. Aqui, as leis estatísticas são dadas imediatamente. As leis individuais são desprezadas. No exemplo de um fóton ou de um elétron, e dois orifícios, vimos que não podemos descrever o movimento possível de partículas elementares no tempo e no espaço como o fizemos em física clássica. A física quântica abandona as leis individuais das partículas elementares e enuncia *diretamente* as leis estatísticas que governam os agregados. É impossível, com base na física quântica, descrever posições e velocidades de uma partícula elementar ou predizer sua trajetória futura como na física clássica. A física quântica lida apenas com agregados, e suas leis são para aglomerados e não para indivíduos.

É a necessidade árdua, e não a especulação e o desejo de uma novidade, o que nos força a alterar o velho ponto de vista clássico. As dificuldades em aplicar os velhos conceitos foram esboçadas para apenas um caso, o dos fenômenos de difração. Porém, muitos outros, igualmente convincentes, poderiam ser citados. As alterações de pontos de vista nos são continuamente impostas por nossas tentativas de compreender a realidade. Mas sempre cabe ao futuro decidir se nós escolhemos a melhor saída e se unia solução melhor para as nossas dificuldades poderia ou não ser encontrada.

Tivemos de renunciar à descrição de casos individuais como acontecimentos objetivos no tempo e no espaço; tivemos de introduzir novas leis de natureza estatística. Essas são as principais características da física quântica moderna.

Anteriormente, ao introduzir novas realidades físicas, tais como os campos gravitacional e eletromagnético, tentamos indicar em geral as particularidades características das equações através das quais as ideias foram matematicamente formuladas. Faremos agora o mesmo com a física quântica, referindo-nos apenas muito ligeiramente aos trabalhos de Bohr, De Broglie, Schrödinger, Heisenberg, Dirac e Born.

Consideremos o caso de um elétron. O elétron pode estar sob a influência de um campo eletromagnético estranho arbitrário, ou livre de toda influência externa. Poderá mover-se, por exemplo, no campo de um núcleo atômico ou poderá difratar-se em um cristal. A física quântica nos ensina como formular as equações matemáticas para qualquer um desses problemas.

Já reconhecemos a semelhança entre uma corda oscilante, a membrana de um tambor, um instrumento de sopro ou qualquer outro instrumento acústico, de um lado, e um átomo radiante, de outro. Há também alguma semelhança entre as equações matemáticas que governam o problema acústico e as que governam o problema da física quântica. Mas novamente a interpretação das quantidades determinadas nesses dois casos é muito diferente. As quantidades físicas que descrevem a corda oscilante e o átomo radiante têm significado muito diferente, a despeito de alguma semelhança formal nas equações. No caso da corda, arguimos sobre o desvio de algum ponto arbitrário de sua posição normal em um momento arbitrário. Conhecendo a forma da corda oscilante em um instante dado, sabemos tudo o que desejamos. O desvio do normal pode ser, assim, calculado para qualquer outro momento, com as equações matemáticas para a corda oscilante. O fato de algum desvio da posição normal corresponder a todo ponto da corda é mais rigorosamente expressado como se segue: para qualquer instante, o desvio do valor normal é uma função da coordenada da corda. Todos os pontos da corda formam um contínuo unidimensional, a ser calculado das equações da corda oscilante.

Analogamente, no caso de um elétron, uma certa função é determinada para qualquer ponto no espaço e para qualquer momento. Chamaremos a essa função *onda de probabilidade.* Em nossa analogia, a onda de probabilidade corresponde ao desvio da posição normal no problema acústico. A onda de probabilidade é, em um instante dado, uma função do contínuo tridimensional, enquanto, no caso da corda, o desvio foi, em um dado momento, uma função do contínuo unidimensional. A onda de probabilidade forma o catálogo de nossos conhecimentos do sistema quântico sob consideração e nos permitirá responder a todas as questões estatísticas apreciáveis relativas a esse sistema. Não nos diz a posição e a velocidade do elétron em qualquer momento porque tal questão não tem sentido algum em física quântica. Mas nos dirá da probabilidade de encontrar o elétron em um determinado ponto, ou onde temos a maior probabilidade de encontrar um elétron. O resultado não se refere a uma medição, mas a muitas medições repetidas. Assim, as equações de Maxwell determinam o campo eletromagnético e as equações gravitacionais determinam o campo gravitacional. As leis da física quântica são também leis estruturais. Mas o significado dos conceitos físicos determinados por essas equações da física quântica é muito mais abstrato do que no caso dos campos eletromagnético e gravitacional; fornecem apenas os meios matemáticos de responder a questões de natureza estatística.

Até agora consideramos o elétron em algum campo externo. Caso não se tratasse do elétron, a menor carga possível, mas de alguma carga respeitável contendo milhões de elétrons, poderíamos rejeitar toda a teoria quântica e tratar o problema de acordo com a física pré-quântica. Falando de correntes em um fio, de condutores carregados, de ondas eletromagnéticas, podemos aplicar a nossa velha física simples contida nas equações de Maxwell. Mas não podemos fazê-lo quando falamos de efeito fotoelétrico, intensidade de linhas espectrais, radioatividade, difração de ondas eletrônicas e muitos outros fenômenos nos quais é revelado o caráter quântico da matéria e da energia. Nós devemos então, por assim dizer, subir mais um andar. Enquanto na física clássica falamos de posições e velocidades de uma partícula, devemos considerar agora ondas de probabilidade, em um contínuo tridimensional correspondente a esse problema de uma partícula.

A física quântica dá a sua própria prescrição para o ataque a um problema se tivermos sido previamente ensinados sobre como tratar um problema análogo do ponto de vista da física clássica.

Para uma partícula elementar, um elétron ou um fóton, temos ondas de probabilidade em um contínuo tridimensional, caracterizando o comportamento estatístico do sistema se as experiências são frequentemente repetidas. Mas que dizer do caso de duas partículas, não de uma, interatuando, como, por exemplo, dois elétrons, elétron e fóton ou elétron e núcleo? Não as podemos atacar em separado, descrevendo cada uma delas por meio de uma onda de probabilidade em três dimensões, justamente por causa de sua interação. Na verdade, não é muito difícil adivinhar-se como descrever, na física quântica, um sistema composto de duas partículas interatuantes. Temos de descer um andar, de voltar por um momento à física clássica. A posição de dois pontos materiais no espaço, em qualquer momento, é caracterizada por seis números, três para cada um dos pontos, todas as posições possíveis dos dois pontos materiais formam um contínuo hexadimensional e não um contínuo tridimensional como no caso de uma partícula. Similarmente, para três, quatro e mais partículas, as ondas de probabilidade serão funções em um contínuo de 9, 12 e mais dimensões.

Isso mostra claramente que as ondas de probabilidade são mais abstratas do que os campos eletromagnético e gravitacional que existem e se espalham em nosso espaço tridimenisonal. O contínuo de muitas dimensões forma um cenário para as ondas de probabilidade, e somente para uma partícula o número de dimensões iguala o do espaço físico. A única significação física da onda de probabilidade é a de nos permitir responder a questões estatísticas apreciáveis, tanto no caso de muitas partículas como no caso de apenas uma. Assim, por exemplo, para um elétron, poderíamos perguntar sobre a probabilidade de encontrar um elétron em algum ponto espacial. Para duas partículas, a nossa pergunta poderia ser: qual é a probabilidade de encontrar as duas partículas em dois pontos definidos em um instante dado?

O nosso primeiro passo para fora da física clássica foi o abandono da descrição de casos individuais como acontecimentos objetivos no tempo e no espaço. Fomos forçados a aplicar o método estatístico fornecido pelas ondas de probabilidade. Uma vez tendo escolhido esse caminho, somos obrigados a avançar mais rumo à abstração. Devem ser introduzidas as ondas de probabilidade em mui tas dimensões correspondendo ao problema de muitas partículas.

Chamemos a tudo física clássica, exceto a física quântica, a bem da brevidade. A física clássica e a física quântica diferem radicalmente. A física clássica visa à descrição dos objetos existentes no espaço e à formulação de leis governando suas alterações no tempo. Mas os fenômenos reveladores da natureza de partícula e ondulatória da matéria e da radiação, caráter aparentemente estatístico dos acontecimentos elementares tais como a desintegração radioativa, difração, emissão de linhas espectrais e muitos outros, forçaram-nos a abandonar esse ponto de vista. A física quântica não visa a descrever objetos individuais no espaço e suas alterações no tempo. Não há, em física quântica, lugar algum para declarações como esta: "Este objeto é assim, tem tal propriedade." Em vez disso, temos declarações deste tipo: "Há tal probabilidade de que o objeto individual seja assim e tenha tal propriedade." Não há lugar algum na física quântica para leis governando as alterações dos objetos individuais no tempo. Em vez disso, temos leis que governam as alterações da probabilidade no tempo. Somente essa modificação fundamental, imprimida na física pela teoria quântica, possibilitou uma explicação adequada do caráter aparentemente descontínuo e estatístico dos acontecimentos no reino dos fenômenos nos quais os *quanta* elementares de matéria e radiação revelam sua existência.

No entanto, surgem novos problemas ainda mais difíceis que ainda não foram definidamente resolvidos. Mencionaremos apenas alguns deles. A ciência não é e jamais será um livro fechado. Todo novo avanço traz novas questões. Todo desenvolvimento revela, a longo prazo, dificuldades novas e mais profundas.

Já sabemos que no caso simples de uma ou muitas partículas podemos elevar-nos da descrição clássica para a quântica, da descrição objetiva dos acontecimentos no tempo e no espaço para as ondas de probabilidade. Mas estamos lembrados do importantíssimo conceito de campo da física clássica. Como podemos descrever a interação entre *quanta* elementares de matéria e campo? Se é necessária uma onda de probabilidade em trinta dimensões para a descrição quântica de dez partículas, então uma onda de probabilidade com um número infinito de dimensões seria necessária para a descrição quântica de um campo. A transição do conceito clássico de campo para o problema correspondente de ondas de probabilidade em física quântica é um passo muito difícil. Subir um andar não é aqui fácil tarefa e todas as tentativas até agora feitas para resolver o problema devem ser consideradas insatisfatórias. Em todos os nossos argumentos sobre a transição da física clássica para a quântica usamos a velha descrição pré-relativista em que espaço e tempo são tratados de modo diferente. Se, contudo, tentamos começar pela descrição clássica conforme proposto pela teoria da relatividade, então a nossa ascensão para o problema do *quantum* parece muito mais complicada. Este é outro problema atacado pela física moderna, mas ainda longe de uma solução completa e satisfatória. Há ainda mais uma dificuldade em formar uma física consistente para as partículas pesadas, constitutivas dos núcleos. A despeito dos muitos dados experimentais e das muitas tentativas de lançar luzes sobre o problema nuclear, ainda estamos no escuro no que diz respeito a algumas das questões mais fundamentais nesse domínio.

Não há dúvida alguma quanto a que a física quântica tenha explicado uma variedade muito grande de fatos, conseguindo, na maior parte, esplêndido acordo entre a teoria e a observação. A nova física quântica remove-nos ainda para mais longe do velho conceito mecânico, e um recuo para a posição anterior parece, mais do que nunca, improvável. Mas também não há dúvida alguma quanto a que a física quântica deva ainda basear-se nos dois conceitos: matéria e campo. É, nesse sentido, uma teoria dualista e não leva o nosso velho problema de reduzir tudo ao conceito de campo um passo sequer mais perto da realização.

Será o desenvolvimento futuro ao longo da linha escolhida na física quântica, ou será mais provável que sejam introduzidas novas ideias revolucionárias na física? Fará a estrada do desenvolvimento nova curva fechada, como aconteceu com tanta frequência no passado?

Durante os últimos poucos anos todas as dificuldades da física quântica foram concentradas em torno de uns poucos pontos principais. A física espera impacientemente o esclarecimento dessas dificuldades.

7

Física e realidade

Quais são as conclusões gerais que podem ser tiradas do desenvolvimento da física aqui indicado em um amplo esboço representando apenas as ideias mais fundamentais?

A ciência não é apenas uma coleção de leis, um catálogo de fatos não relacionados entre si. É uma criação da mente humana, com seus conceitos e ideias livremente inventados. As teorias físicas tentam formar um quadro da realidade e estabelecer sua conexão com o amplo mundo das impressões sensoriais. Assim, a única justificativa para as nossas estruturas mentais é se e de que maneira as nossas teorias formam tal elo.

Vimos novas realidades criadas pelo avanço da física. Mas essa cadeia de criações pode ter sua história traçada desde muito antes do ponto de vista da física. Um dos conceitos mais primitivos é o de objeto. Os conceitos de árvore, cavalo, qualquer corpo material, são criações alcançadas com base na experiência, embora as impressões de que surgem sejam primitivas em comparação com o mundo dos fenômenos físicos. Um gato aborrecendo um rato também cria, pelo pensamento, a sua própria realidade primitiva. O fato de o gato reagir de maneira similar diante de todo rato com que depara mostra que ele forma conceitos e teorias que são o seu guia através de seu próprio mundo de impressões sensoriais.

"Três árvores" é algo diferente de "duas árvores". Também "duas árvores" é diferente de "duas pedras". O conceito dos números puros 2, 3, 4, ..., libertados dos objetos dos quais surgiram, são criações da mente pensante que descrevem a realidade de nosso mundo.

A sensação psicológica subjetiva de tempo nos permite ordenar as nossas impressões, declarar que um acontecimento precede outro. Mas ligar todo instante de tempo a um número, pelo uso de um relógio, considerar o tempo um contínuo unidimensional, já é uma invenção. Assim também os conceitos das geometrias euclidiana e não euclidiana, e o nosso espaço compreendido como um contínuo tridimensional.

A física realmente começou com a invenção de massa, força e sistema inercial. Esses conceitos são, todos, invenções livres. Levaram à formulação do ponto de vista mecânico. Para o físico de primórdios do século XIX, a realidade de nosso mundo exterior consistia de partículas com forças simples atuando entre elas e dependendo apenas da distância. Ele tentou conservar ao máximo possível sua convicção de que conseguiria explicar todos os acontecimentos da natureza por esses conceitos fundamentais de realidade. As dificuldades ligadas à deflexão da agulha magnética, as dificuldades ligadas à estrutura do éter, induziram-nos a criar uma realidade mais sutil. A importante invenção do campo eletromagnético aparece. Uma corajosa imaginação científica foi necessária para se perceber plenamente que não os corpos, mas o comportamento de algo entre eles, isto é, o campo, pode ser essencial à ordenação e à compreensão dos acontecimentos.

Os desenvolvimentos posteriores destruíram os velhos conceitos e criaram outros novos. O tempo absoluto e o sistema coordenado inercial foram abandonados pela teoria da relatividade. O cenário de todos os acontecimentos não mais era o tempo unidimensional e o contínuo trimensional de espaço-tempo, mas o contínuo quadrimensional de espaço-tempo, outra invenção livre, com novas propriedades de transformação. O sistema coordenado inercial não era mais necessário. Todo sistema coordenado é igualmente apropriado para a descrição dos acontecimentos da natureza.

A teoria quântica criou também particularidades novas e essenciais de nossa realidade. A descontinuidade substituiu a continuidade. Em vez de leis governando indivíduos, apareceram leis de probabilidade.

A realidade criada pela física moderna está, na verdade, muito afastada da realidade dos tempos idos. Mas o propósito de toda teoria física permanece ainda o mesmo.

Tentamos, com a ajuda de teorias físicas, encontrar o nosso caminho através do emaranhado de fatos observados, para ordenar e compreender o mundo de nossas impressões sensoriais. Queremos que os fatos observados sigam logicamente de nosso conceito de realidade. Sem a convicção da possibilidade dominar a realidade por meio de nossas construções teóricas, sem a crença na harmonia interna de nosso mundo, não poderia haver ciência. Essa crença é e permanecerá sempre o motivo fundamental de toda criação científica. Em todos os nossos esforços, em toda luta dramática entre pontos de vista antigos e novos, reconhecemos o eterno anseio de compreensão, a sempre firme convicção na harmonia de nosso mundo, continuamente fortalecida pelos crescentes obstáculos à compreensão.

:Resumindo

Novamente a rica variedade de fatos no reino dos fenômenos atômicos nos força a inventar novos conceitos físicos. A matéria tem uma estrutura granular; é composta de partículas elementares, os quanta elementares de matéria. Assim, a carga elétrica tem uma estrutura granular e – mais importante ainda, do ponto de vista da teoria quântica –, do mesmo modo, a energia. Os fótons são os *quanta* de energia de que a luz é composta.

Será a luz uma onda ou uma chuva de fótons? Um feixe de elétrons, uma chuva de partículas elementares ou uma onda? Essas questões fundamentais são impostas à física pela experiência. Ao tentar respondê-las, temos de abandonar a descrição dos acontecimentos atômicos como ocorrências no tempo e no espaço, temos de recuar ainda mais do velho conceito mecânico. A física quântica formula leis governando aglomerados, e não indivíduos. Não são descritas propriedades, mas probabilidades, não são formuladas leis revelando o futuro de sistemas, mas leis governando as alterações de probabilidades no tempo e relativas a grandes aglomerados de indivíduos.

Agradecimentos

Desejamos agradecer a todos os que tão gentilmente nos ajudaram na elaboração deste livro, especialmente:

Aos professores A.G. Shenstone, Princeton, Nova Jersey; e St. Loria, Lwow, Polônia, pelas fotografias da Figura 72.

A I. N. Steinberg, pelas demais figuras.

À doutora M. Phillips, pela leitura do manuscrito e por sua ajuda muito gentil.

A. E. e L. I.